实用油田化学工程与应用技术

余兰兰　著

中国纺织出版社有限公司

内 容 提 要

本书在我国油田化学发展需求的基础上，对油田化学工程进行了深入研究。全书共分七章，分别是油田聚合物驱油、油田污水处理、油田污泥处理、油田压裂液处理、油田管道结垢处理、原油乳状液和破乳、原油流动性改进与清防蜡，详细介绍了油气开采过程中的注水、酸化、压裂、堵水与调剖、破乳、清防蜡以及化学驱油过程中的原理与工艺技术。本书可以作为高等院校石油工程相关专业的本科教学参考资料，也可作为石油天然气开采过程中的技术人员和研究人员的参考资料。

图书在版编目（CIP）数据

实用油田化学工程与应用技术 / 余兰兰著 . -- 北京：中国纺织出版社有限公司，2022.3

ISBN 978-7-5180-9357-1

Ⅰ . ①实… Ⅱ . ①余… Ⅲ . ①油田化学 Ⅳ . ①TE39

中国版本图书馆 CIP 数据核字（2022）第 030076 号

策划编辑：史 岩　　责任编辑：陈 芳
责任校对：寇晨晨　　责任印制：储志伟

中国纺织出版社有限公司出版发行
地址：北京市朝阳区百子湾东里 A407 号楼　邮政编码：100124
销售电话：010—67004422　传真：010—87155801
http://www.c-textilep.com
中国纺织出版社天猫旗舰店
官方微博 http://weibo.com/2119887771
北京虎彩文化传播有限公司印制　各地新华书店经销
2022 年 3 月第 1 版第 1 次印刷
开本：710 × 1000　1/16　印张：12.5
字数：221 千字　定价：88.00 元

前　言

近年来，我国石油工业在各项技术的推动下飞速发展。石油化学中化学试剂和化学方法应用越来越广泛。油田化学的研究与开发必须有多个学科的配合。例如，必须研究某种合适的原油降凝剂，必须对原油的组成和物理性质进行测试。因此，油田化学成为一门以石油地质、石油工程、化学、化工等多个学科相结合的新兴学科。尤其是近年来，人们对油田化学的研究更深一步，新型的化学试剂和化学方法如雨后春笋般涌现，在油藏开采之中也开始了广泛应用。

油田化学之所以能够如此快速发展，关键是因为我国油气的供需矛盾日益加剧。我国原油和天然气的进口量不断提升，国际形势则风云变幻。实现油藏资源的有效开发，不仅关系到我国石油工业的发展，还和我国经济与社会的稳定发展紧密相关。

油田化学工程和石油工业的发展紧密相关。一方面，油田化学工程的发展水平直接决定了原油的采集质量，能够实现原油的初步加工，降低后续原油深度加工的难度；另一方面，油田化学工程的发展决定了油田的开采程度，油田的情况非常复杂，而且与其他矿脉不同的是油田不可能采取人工井下作业，必须依靠技术手段，这就要求油田化学工程水平不断发展，不断提升。我国油田的采集现状对国内油田化学工程的要求不断提高。二十世纪五六十年代，我国油田已经进入深入开采期，原油质量也有明显的变化。后来发现的油田开采条件越来越高。这充分说明，油田化学工程的发展是我国当前能源行业发展的一个重点方向。

本书在我国油田化学发展需求的基础上，对油田化学工程进行了深入探究。本书共分七章，分别是油田聚合物驱油技术、油田污水处理技术、油田含油污泥处理技术、油田压裂液处理技术、油田管道结垢处理技术、原油乳状液与破乳、原油流动性改进与清防蜡。

本书在撰写过程中参考了大量的相关资料，在此对引用文献的作者表示真诚的感谢。由于能力有限，时间仓促，难免出现不当之处，敬请专家、读者批评指正，在此一并表示感谢。

东北石油大学余兰兰

2022 年 1 月

目　录

第一章　油田聚合物驱油技术

第一节　聚合物驱油机理

一、驱油用聚合物

（一）聚丙烯酰胺

聚丙烯酰胺（polyacrylamide，简称 PAM），是丙烯酰胺（简称 AM）及其衍生物的均聚物或共聚物的统称。工业上凡含有 50% 以上 AM 单体的聚合物都泛称聚丙烯酰胺。

PAM 产品主要形式有水溶液胶体、粉状及胶乳 3 种，并可有阴离子、阳离子和非离子等类型。水是 PAM 的最好溶剂。PAM 易溶于冷水，溶解能力与产品形式、大分子结构、溶解方法、搅拌、温度及 pH 值等因素有关。粉粒产品若能防止结团，则比水溶液胶体产品易溶。

PAM 的热稳定性优于其他电解质，但长期在高温下受热也会分解。它在 210℃以下因脱水有轻微失重；在氮气中加热到 210~300℃时相邻酰氨基间分解失水，且有酰亚氨基生成，放出氨气；温度升到 500℃时，变成黑色粉末。若经充分干燥，则温度高达 280℃时仍保持稳定。

PAM 的优点在于能够发生多种化学反应，根源是因为其侧链上有活泼的酰氨基。因此，PAM 在工业上的应用范围非常广泛。但是，为了制备高分子量的 AM 共聚物，工业上通常要对 PAM 进行化学改性，制得不同的反应键，提升 PAM 的化学性质。

1. 烯烃的聚合性能

乙烯是典型的不饱和烯烃，它的聚合物一般被认为是典型的线性结构。事实上，自由基聚合的聚乙烯，从密度和结晶度测定估计，100 个主链碳原子有 1~8 个短支链，从光散射测定相对分子质量和回旋半径，计算出 300~3000 个碳原子平均有一个长支链。高压法聚乙烯含有少量不饱和结构，其总的不饱和度不超过链节数的 0.1%~0.2%。经分析研究确定：乙烯在聚合过程中，增长链对它本身进行内部链转移导致了支链和双键的生成。

2. 酰胺结构的性能

AM 的—$CONH_2$ 是一个吸电子基，可按阴离子自由基聚合。通过 X 衍射测定，酰胺晶态条件下是一个平面结构，处于两个极端共振结构的中间状态。

酰胺表现为两性。酰胺的碱性是由于电子沿 O…C…N 离域效应。酰胺质子化，O 和 N 都是可能的位置。N 原子碱性虽比羰基的 O 原子强，但共振结构组分平衡有利于向 O 的共轭酸移动。

酰胺水解导致 CO—NH_2 键断裂，生成原来的酸和氨，反应属于亲核取代反应。由于—NH_2 推电子效应，羰基活性降低，加上水的惰性，反应极其缓慢。在碱性介质中水解比较容易，酰胺在亲核试剂 OH^- 攻击下，形成四面体中间产物。

$$RCONH_2 \xrightleftharpoons{OH^-} R\text{—}C(O^-)(OH)\text{—}NH_2 \xrightleftharpoons{[OH^-]} R\text{—}C(O^-)(O^-)\text{—}NH_2 \xrightarrow[K_2]{H_2O} RCOO^- + NH_3$$

$$R\text{—}C(O^-)(OH)\text{—}NH_2 \rightleftharpoons R\text{—}C(O^-)(O^-)\text{—}NH_3^+ \xrightarrow{K_3} RCOO^- + NH_3$$

酰胺在酸催化下水解，酰胺质子化才有助于水分子亲核进攻，而亲核加成到羰基是反应控制步骤，这一慢步骤是氧的共轭酸形成正四面体的中间产物，还是氮的共轭酸 S_{N_2} 平移或两者结合，Williams 证据表明：氧的共轭酸形成四面体中间产物路线有利于酰胺水解。

$$RCONH_2 \xrightleftharpoons{[H^+]} RC(OH)(NH_2)^+ \xrightleftharpoons{[H_2O]\text{慢}} R\text{—}C(OH)(O^+H_2)\text{—}NH_2 \xrightarrow{\text{快}} R\text{—}C(OH)(OH)\text{—}N^+H_3 \xrightarrow{\text{快}} RCOOH + NH_4^+$$

$$RCONH_2 \xrightleftharpoons{[H^+]} RC(=O)\text{—}N^+H_3 \xrightleftharpoons{[H_2O]\text{慢}} H_2O^{\delta+}\cdots C(=O)(R)\cdots {}^{\delta+}NH_3 \longrightarrow RCOOH + NH_4^+$$

酸浓度提高，可促进酰胺质子化，但水的质子化降低了亲核进攻能力。酰胺在酸性介质中水解有一极大值，它取决于酸度和酰胺结构。酰胺在酰化剂作用下，生成酰亚胺化合物，酰胺在高温下可以自我酰化。

AM 存在的酰氨基与不饱和双键，让它在聚合过程中容易发生多种化学反应，例如酰氨基水解、酰化、烯醇等不同反应，AM 的自由基链转移也会形成新的支链。因此，PAM 产物的溶解性差异很大。从链结构看，PAM 并非线性直链结构，含有一定量的支链和交联结构，交联则导致 PAM 产物难溶或不溶。

综上所述，PAM 链结构并非线性直链大分子，它的高相对分子质量链结构中包含支链和亚胺桥为主的交联结构（包含少量叔碳偶合的交联，但羧基的 α-C 更易生成自由基然后偶合）。交联适度，则相对分子质量高且可溶，交联过多，则产物不溶。

（二）黄胞胶

黄胞胶是一种由假黄单胞菌属（Xanthomonas Campestris）发酵产生的单孢多糖，是一种性能优良的水溶性多功能生物高分子聚合物。

黄胞胶分子一级主链包含 β-1，4 位连接的 D- 葡萄糖基主链和三糖单位的侧链。因此，黄胞胶的结构和纤维素相似。黄胞胶侧链包括甘露糖和葡萄糖醛酸分子交替相接。侧链末端有丙酮酸。黄胞胶二级结构则是支链绕主链骨架反向缠绕，通过氢链维系而形成的一种双螺旋结构。黄胞胶的三级结构是棒状双螺旋结构，是一种螺旋复合体，靠微弱的非共价链结合形成。

黄胞胶为浅黄色至淡棕色粉末，稍带臭味。易溶于冷、热水中，溶液中性。遇水分散，乳化变成稳定的亲水性黏稠液体。黄胞胶溶液和其他聚合物的电解质溶液不同，由于侧链带有负电荷，具有很强的结合阳离子的能力，使阳离子不能作用于主链，故其溶液基本上不受盐的影响。黄胞胶与纤维素分子之间也有强烈的相互作用，结合相当牢固。黄胞胶在水溶液中，其侧链紧紧缠绕纤维素的全键，故黄胞胶溶液有很强的耐酸、耐碱、抗霉解（对各种酶的氧化、还原性稳定）和耐热的性能，能直接溶于 5% 的硫酸、5% 的硝酸、5% 的乙酸、10% 的盐酸和 25% 的磷酸，这些溶液在 25℃时非常稳定。在 pH 值为 1.5~13，黄胞胶溶液不受 pH 值变化的影响，但能被强的氧化剂降解。黄胞胶可与甲醇、乙醇、异丙醇及丙酮互溶，但溶剂超过 50%~60% 时会引起黄胞胶沉淀。黄胞胶具有与其他胶很好地相互复配的功能，如与海藻酸钠、淀粉等很好地互溶。且与其他一些胶有很好的协同效应，如黄胞胶与槐豆胶和瓜尔胶有奇特的相互作用，当两者的水溶液混合时，会形成三维空间的网状结构，形成凝胶。这种凝胶是热可逆的，超过 60℃会溶解为液体，降至室温时，又形成凝胶。利用这种性质，可用来鉴别是否为黄胞胶。

在石油开采中，黄胞胶用于钻井液，对防止井喷等有明显的作用，其应用被称为20世纪70年代钻井液技术的最新成果之一。黄胞胶还可用于完井、修井、压裂液、堵水调剖和三次采油。

黄胞胶的应用也在发展中，为了提高黄胞胶的生物稳定性，可以采用甲基化的方法。为了提高其耐温、耐盐能力，可以采用控制乙酰化和丙酮酰化的方法。

（三）新型聚合物

1. 梳形抗盐聚合物

普通的PAM在抗盐抗高温等方面的性能较差。使用油田采出的污水进行配置的时候会使黏度大幅下降，因此，必须加入适量的淡水。这就造成了油田产出的污水不能回注，严重污染环境。因此，聚合物的抗盐抗高温性能，是提高聚合物驱油效率解决油田污染的一个关键环节。人们在分析PAM不能耐盐耐高温的分子结构之后，设计了新型的抗盐聚合物KYPAM。在实践中，KYPAM已经在大庆、胜利、华北、新疆等油田中开始了广泛的应用，使用现场污水直接配置KYPAM的方法进行聚合物深部调驱取得了良好效果。

梳形抗盐聚合物（Comb-shape Polyacrylamide）是一种改性的聚丙烯酰胺，由于增黏性能与普通聚丙烯酰胺相比发生了质的变化，已经成为油田三次采油新一代的高效驱油剂。

2. 疏水缔合聚合物

疏水缔合的方法是利用聚合物的分子链建立一个体系的黏度。这种思路主要有以下假设：

（1）在聚合物溶液中，分子链之间能够适当结合，形成一定的超分子聚集体，各个超分子之间相互连接，形成一个均匀和布满的三维立体网状结构（多级结构）。

（2）超分子积聚形成的空间网状结构可以随着疏水缔合程度出现可逆的变化。

（3）这种溶液可以形成一种结构流体：$\eta_{视}$的结构包括结构部分的$\eta_{结构}$和非结构部分的$\eta_{非结构}$。$\eta_{非结构}$的大小则因为流体力学的原因可以决定分子链的尺寸大小；$\eta_{结构}$则可以由分子链的作用状态和强弱决定。

在这些假设之下，聚合物可以形成超分子积聚体，黏度和尺寸大小可以因为环境的变化进行调整和控制。集聚体相互之间也可以依靠这些缔合作用链接，在静止的时候形成空间网状结构，并且随着剪切的变化出现可逆变化。

按以上理论研制出了不同分子结构（相对分子质量、缔合基种类、比例、链型等）的缔合聚合物。产品代号如Ts–45，Ts–65，AP–P1，AP–P3，AP–P4。

二、聚合物的性质

（一）聚合物溶液的流变性

在油田应用中，油田水溶液的黏度是最重要指标之一。大多数聚合物溶液黏度随着流动条件发生了变化。了解不同聚合物溶液的流变性能，对于聚合物的选择和应用具有重要的实践意义。

1. 黏度

在实践中，高聚物溶液因为在流动的时候不同层间存在一定的速度梯度，大分子在同时穿过不同的流层时不同部分会呈现出不同的速度，因此表现出假塑性行为。当然，对于高聚物来说，这种情况显然不会维持太久。这种现象如同河流中放着一条随波逐流的又细又长的绳子，这条绳子总是顺着水流的方向纵向排列。高聚物中的大分子也是一样。

PAM和HPAM溶液就是这样一种对剪切作用非常敏感的流体。这两类溶液的黏度随着剪切速率增加而不断降低。造成这种现象的根本原因是大分子结构。当剪切速率降低时，无规则的分子线团开始被拉伸，不同的大分子线团之间相互滑动，增加阻力，导致溶液的黏度开始降低。当剪切速率增加的时候，大分子线团的取向程度不断增加，导致溶液黏度不断降低。然而随着剪切速率增加，大分子线团的取向程度开始进一步增加，溶液黏度因此不断下降。PAM聚合物水溶液的假塑性因为大分子的相对分子质量而受到明显的影响。一般的规律是相对分子质量越大，聚合物溶液的假塑性越强。在油田驱油实践中所使用的PAM聚合物都是相对分子质量较高的产品，因此这些溶液都是假塑性流体。那些相对分子质量较低的流体被称为牛顿流体。

2. 黏弹性

聚合物溶液中的线性柔性聚合物产品在等直径的毛细管中流动属于纯黏性流动。这种溶液的流动仅仅表现出牛顿流体和幂律流体的流动特征。这个时候聚合物溶液的黏度就是剪切黏度。在毛细管直径产生剧烈变动的时候，聚合物的分子链会因为外力场的作用产生不规则的拉伸或者压缩。这个时候聚合物溶液就会产生弹性拉伸流动，于是除了黏性流动引起的剪切黏度外，弹性拉伸引起的分子弹性也产生了有效黏度。

在多孔介质中，聚合物溶液的流变性和等直径管内流动有大不相同的规律。聚合物溶液流过多孔介质的时候，受到剪切力和拉伸力的双重作用，因此会受到发散和收敛作用的影响，从而使流动阻力增加。因此，聚合物溶液经常在高剪切速率之下偏离幂律呈现出黏弹性。一般来说，流动阻力由黏性、动能和弹性三个部分构成。因此，如果在多孔介质中只用流动特性就会产生一定的偏差。显然，对于聚合物的黏弹效应来说，地层下复杂的孔隙结构为聚合物的黏弹效应产生提供了非常有利的条件。而且黏弹性的大小和聚合物分子结构及其在孔隙的流动速度、岩石孔隙和岩石的物理性质相关。

在层流截面圆筒中，黏弹性流体只在进口段和出口段产生影响，在其余部分可以作为黏性流体处理。弹性效应对具有湍流、收缩和膨胀的变截面管来说影响非常大。由于具备一定程度的黏弹性，PAM 溶液在聚合物驱油过程中会降低各类残余油量。简单来说，PAM 的黏弹性越大，驱油效率越高，携带的残余油量越多。因此，对于提高驱油效率来说，PAM 溶液的黏弹性是一个重要的参数。

对于 PAM 溶液来说，测定其黏弹性主要有震荡剪切流动和稳态剪切流动两种实验技术。震荡剪切实验通常被称为小幅震荡实验，主要对 PAM 溶液施加正弦剪切，应力作为动态响应进行测定。实验的主要参数是测定溶液的损耗模量和储存模量。稳态剪切实验通常是采用黏度函数以及第一法向应力函数。PAM 水解分子是具有柔性的长链结构，水溶液中一般形成线圈状，剪切流动的时候产生弹性变形。HPAM 溶液表现出的剪切变稀特性可以通过稳态剪切流变曲线表现出来，第一法向应力差随着剪切速率增加而不断增加。HPAM 溶液的相对分子质量越大，第一法向应力差以及表观黏度就越大，其黏弹性也就越小。而相对分子质量越大，相应的损耗模量和储存模量均越大。因此，HPAM 溶液存在高黏性伴随高弹性的特点。

（二）聚合物溶液化学稳定性

由于化学驱项目要延续 5~8 年，在这样长的时间内要求所用的化学剂应尽量保持稳定。对聚合物驱来说，要求聚合物溶液的黏度应尽量保持在初始值，不应降解、沉淀或交联而堵塞油层。

1. 氧化降解

将 PAM 水溶液无论放在氧气中还是氮气中，黏度都会明显降低，产生老化。造成这种情况的原因是 PAM 水溶液中残留的过氧化物引起大分子降解，从而降低了溶液的黏度。胶体状的 PAM 溶液表现得最为突出。

不同的聚合物有不同的活化能，活化能越大，对温度的敏感性程度越高。例如，羟乙基纤维素的活化能为24.6kJ/mol，多糖活化能为12.6kJ/mol，羟乙基纤维素在15℃时黏度与多糖相近，在30℃时，羟乙基纤维素的黏度只有多糖的一半左右。聚丙烯酰胺有两个活化能，在低温下有一个较低的活化能，在低于35℃时溶液黏度随温度变化不大，超过35℃时有另一个活化能，因此黏度变化规律随之而变，曲线上有一个转折点。聚丙烯酰胺的极限温度为109℃，其溶液在无溶解氧、无微生物、无过渡金属离子和多价阳离子存在时，聚丙烯酰胺要在121~135℃以上才会发生热降解。当氧气存在时，水溶液稳定性下降，溶液黏度的损失随温度升高而加剧。针对PAM溶液的研究表明，HPAM水溶液的化学降解作用主要包括两方面：氧化作用和水解作用。在没有多价金属离子的时候，溶液黏度降低，主要是因为大分子的氧化降解作用。这种作用使大分子的相对分子质量明显降低。

以上所述是导致HPAM溶液黏度下降的主要原因。这种作用产生连锁反应，检测得到的活化能为38kJ/mol，低于HPAM热裂解产生的反应值。因此，HPAM温度增高的情况下，HPAM溶液氧化降解反应产生的能量急剧增加，导致HPAM溶液黏度大量损失，失去了应用价值。在GOMA联用的情况下，实验检测得到降解产物证明HPAM氧化断裂变为碎片，进一步证明了氧化降解反应的产生。值得说明的是，水溶液中溶解氧的存在已经对HPAM溶液黏度造成了大量的损失。因此，HPAM氧化降解仍然是黏度损失值得关注的问题。

2. PAM解缠和弱键断裂机理

对PAM溶液黏度造成影响的原因除了氧化降解之外，还包括PAM溶液的浓度、pH值，聚合物相对分子质量、溶液中大分子的剪切速率等。对于离子型的PAM溶液来说，外部盐还会产生影响。由于水解作用，PAM侧链上会带有负电荷。负电荷的相互作用使分子链呈现僵直的状态，PAM溶液的黏度急剧增加。在剪切状态下，PAM溶液呈现出假塑性，剪切速率急剧增加，黏度开始降低。学界对PAM的这种作用主要持两种观点，一种是分子链的解缠，另一种是次价力，尤其是氢键的破坏。

PAM大分子产生解缠和弱键断裂的观点则认为，造成PAM溶液黏度下降的主要原因是PAM大分子缠绕的程度发生变化，而非水溶液导致的大分子降解。在高分子溶液形成过程中，溶剂分子在聚合物分子链中间不断分散，并且分离聚合物的分子链。这个过程受到聚合物分子链的相对分子质量影响，而且受到聚合物浓度、缠绕程度以及次价力作用。相对分子质量的不断增加导致分子间的缠结不断增加，缠绕程度也随之增加。而聚合物浓度的增加则促使单元体积内大分子的数目增加，从而提高大分子和其他分子的缠绕概率，高分子溶液的缠绕程度因此也不断增加。对于高分子溶液来说，温度的增加使链段的热运动水平增加，因此起到一定的解缠作用。对于浓溶液来说，大分子的自由端会和邻近的分子形成新的缠绕。因此达到缠结和解缠之间的平衡需要一定的实践。相对分子质量越大，达到平衡需要的时间越长。而PAM溶液达到平衡以后，在各种参数保持不变的情况下，黏度保持不变。因此，PAM溶液的黏度在静置的状态下会出现急剧下降到逐渐变缓，最后趋于定值。

3. 自发水解机理

前文阐述的黏度下降机理只能解释PAM溶液在室温下长期放置过程中呈现出的黏度变化规律，对于不含氧的PAM高温老化现象无法作出解释。

PAM溶液除了容易氧化降解以外，还会发生水解，酰氨基转换成羧基。在高温条件下，PAM溶液的酰氨基团能够在高温下不断水解成羧酸、集团，结果是PAM聚合物的水解度不断提高。而随着这一过程的继续增加，在水解度达到44.0%以上时出现了拐点。在拐点之后PAM水解程度仍在增加，只不过这个过程会变慢。因此，在高温条件下，PAM驱油水解度不断增加是其突出特性之一。而水解度增加则直接影响HPAM溶液的稳定性。由于羧基负电荷的存在，一部分水解之后的HPAM聚合物溶液具备了聚电解质的性质。其溶液黏度和电解质的强度呈现出明显的关系。电解质产生的静电屏蔽作用以及溶液的pH值变化，最终会使HPAM聚合物溶液的黏度发生变化。随着PAM溶液水解程度不断增加，聚合物上的羧基容易和高价金属离子尤其是钙离子与镁离子络合。而温度升高则促使络合物相互分离，最终HPAM溶液的黏度完全丧失。这个能够使溶液发生变化的温度称为浊点（T_c）。因此，对PAM溶液的耐盐性研究必须从PAM的水解以及溶液水解之后的二价金属络合入手。国外学者在研究中发现PAM水解的速度取决于溶液的温度和溶液的pH值。温度越高，PAM溶液的水解速度越快。pH值的影响主要在于改变了PAM溶液的水解机理。在碱性条件下，PAM溶液的初始水解速率很快，在达到一定程度之后，水解速度开始降低，最后反应停止。

PAM溶液水解产生的羧基与高价金属离子络合之后形成的沉淀物，最终使PAM溶液的黏度丧失。这一直是PAM溶液三次采油需要关注的问题。笔者研究AM类共聚物与钙离子络合的影响因素时发现，相同浓度的钙离子溶液浊点随着水解度的增大而逐渐降低。例如，$CaCl_2$溶液中，水解度分别为15%、48%的HPAM，其T_c分别为45.6℃和低于室温，然而浊点并非随Ca^{2+}的浓度增大而线性降低。实验证实，T_c随Ca^{2+}浓度增大先明显降低，在$CaCl_2$为1%时出现最低点，而随着Ca^{2+}浓度的进一步提高，T_c反而有明显上升。高聚物的相对分子质量也是影响T_c的重要因素。在同样水解度下，相对分子质量越大，浊点越低。研究聚丙烯酰胺衍生物的结构与性能关系发现，HPAM与Ca^{2+}的络合作用，AA的弱酸性并非唯一的原因，还取决于高分子中的阴离子基团存在的几何构型。

在蒸馏水中，聚丙烯酰胺溶液的黏度随着水解度的升高而迅速增大，但水解度大于40%以后，聚丙烯酰胺溶液的黏度随着水解度的升高反而下降；随着溶液中NaCl浓度的增大，不同水解度的聚丙烯酰胺溶液黏度均迅速下降。这是由于电离的Na^+一部分容易在PAM的羧基分子链上吸附，形成吸附层和扩散层，也就是双正电荷层。当PAM溶液中的阳离子浓度增加到一定程度时，吸附层的阳离子数不断增加，而扩散层的阳离子数则不断减少，直至消失。当这个过程结束的时候，吸附层的阳离子完全实现羧基负电荷的中和，PAM基团表面的电位为0。随着基团中和程度的增加，羧基的斥力完全减弱，PAM分子开始从僵硬变得卷曲。而在这个过程进行的同时，PAM分子周围的阳离子溶剂化层水分子被挤掉，分子线团的密度不断增加。自然卷曲的PAM分子等价球体积最小，和溶液的接触面积也最小，分子间的摩擦力降至最低，溶液的黏度也达到了最低值（盐敏效应）。随着溶液中$CaCl_2$浓度的增大，不同水解度的聚丙烯酰胺溶液黏度均迅速下降，但在高$CaCl_2$浓度下，水解度越低的聚丙烯酰胺溶液黏度越大，与高NaCl浓度下的结果不一致。这是由于NaCl只中和水解聚丙烯酰胺分子的电性，削弱或屏蔽分子内的静电斥力，使聚丙烯酰胺分子线团收缩，增黏能力下降。而$CaCl_2$不仅中和水解聚丙烯酰胺分子的电性，削弱或屏蔽分子内的静电斥力，使聚丙烯酰胺分子线团收缩，增黏能力下降，而且通过Ca^{2+}与聚丙烯酰胺分子内和分子间的羧基发生交联反应，使聚丙烯酰胺分子内发生严重的卷曲及分子间的凝聚，增黏能力急剧下降。水解度越大，发生凝聚所需的$CaCl_2$浓度越低。因此，聚丙烯酰胺溶液在低温、低矿化度油田地层条件下，水解度缓慢升高，溶液黏度在相当长的时间内基本不变，初期甚至有所增大；在低温、高矿化度油田地层条件下，水解度缓慢升高，溶液黏度缓慢下降，最终有可能发生沉淀，造成地层伤害；在高温、低矿化度油田地层条件下，水解度迅速升高，溶液黏度迅速下降，但不会发生沉淀；在高温、高矿化度油田地层条件下，水解度迅速升高，溶液黏度急剧下降，发生沉淀，造成地层伤害。

4. 铁离子降解机理

在密封较好的条件下，PAM 溶液中即使存在三价或者二价的铁离子，也会变得相当稳定。在实践中，由于 PAM 溶液暴露在空气中，空气中的氧不断溶解在溶液中，溶解氧和铁离子的结合最终会引起 HPAM 溶液黏度的下降。

（1）Fe^{3+} 浓度对 HPAM 黏度的影响。Fe^{3+} 对 PAM 溶液的黏度影响是非常大的。在降解开始阶段，随着 Fe^{3+} 的浓度增加，PAM 溶液的黏度开始下降。这个过程主要是盐敏效应发生作用。在长时间存放之后，例如时间大于 6h，Fe^{3+} 的浓度已经非常高，这个时候 PAM 溶液中出现了黄色的沉淀。这个过程是 Fe^{3+} 和水中的氢氧离子结合形成了 $Fe(OH)_3$ 沉淀。其实这个过程中 $Fe(OH)_3$ 沉淀的量很少，对溶液的黏度影响不大。而在 Fe^{3+} 浓度达到一定值以后，Fe^{3+} 开始和 PAM 溶液相互结合，形成沉淀分子团，溶液的黏度开始骤降。

（2）Fe^{2+} 在无氧条件下对聚丙烯酰胺溶液黏度的影响。在敞开体系中，Fe^{2+} 极易被空气中的氧氧化成 Fe^{3+}，因而不能完全反映出 Fe^{2+} 的影响。因此，用模拟水配制浓度为 1000mg/L 的聚丙烯酰胺 5000mL，并倒入下口瓶中，在通入纯净的氮气驱氧 2h 以后，溶液中的氧浓度已经低于 0.05mg/L。将这类溶液分装在 1L 的试剂瓶中，然后加入一定量的 $FeSO_4$ 溶液，使 HPAM 溶液的 Fe^{2+} 浓度达到实验需要的值，待用。经过实验之后可以看到，当 Fe^{2+} 浓度低于 10mg/L 时，HPAM 溶液的黏度变化不大，产生的水解主要是由于盐敏效应造成的。

（3）Fe^{2+} 在有氧条件下对 HPAM 溶液黏度的影响。在油田三次采油配制聚合物溶液时，大多数是在敞开体系进行的，Fe^{2+} 极易被空气中的氧氧化成 Fe^{3+}。个别油田尽管采取了密闭措施，仍可能有氧溶入溶液中，从而使 Fe^{2+} 逐渐氧化成 Fe^{3+}，这种影响不同于 Fe^{3+} 的单独作用或在无氧条件下 Fe^{2+} 的作用。在敞开体系中，用模拟水配制 1000mg/L 的 HPAM 溶液，分装于广口瓶中，加入一定量的 $FeSO_4$，使溶液中 Fe^{2+} 浓度达到设定值，静置 3h，测其黏度。在 Fe^{2+} 氧化成 Fe^{3+} 过程中，对聚丙烯酰胺溶液的黏度伤害极大，当 Fe^{2+} 浓度较低（大于 2mg/L）时，对三次采油工程已经造成致命的影响。

在 Fe^{2+} 生成 Fe^{3+} 过程中，对黏度的影响与单纯的 Fe^{3+} 作用机制完全不同。Fe^{2+} 具有较强的还原效应。Fe^{2+} 容易和水中的溶解氧迅速发生氧化反应，生成 Fe^{3+} 和 O_2^-。O_2^- 的活性非常高，攻击 PAM 碳链上的叔碳，抽氢反应之后入侵碳链，生成过氧化物，最终进一步使 PAM 主碳链不断断裂，产生降解作用。在 PAM 碳链断裂之后生成的自由基又和 Fe^{3+} 发生还原反应，形成 Fe^{2+}。在这个过程中，Fe^{2+} 好像一种介质，起到催化剂的作用。聚合物不断降解循环，PAM 分子被彻底打断，黏度开始快速降低。在实践中，Fe^{2+} 也是唯一能够使聚丙烯酰胺溶液黏度快速降低的物质。因此，对于三次采油工作来说，Fe^{2+} 必须引起足够的重视，使 Fe^{2+} 在溶液中的浓度控制在 0.5mg/L 以下。

（三）聚合物溶液机械剪切降解

对于聚合物大分子来说，链节是其基本构成单元。这些链节在流动过程中处于不同的剪切状态，受到不同程度的机械降解作用。因此，PAM 溶液对于剪切作用非常敏感。PAM 溶液在配制、泵入、注入、流动等不同过程中，都会承受较大的剪切应力。这种剪切应力容易造成聚合物分子的断裂，降低 PAM 的相对分子质量，也就使溶液的黏度不断变小。在 PAM 溶液流经孔隙介质的时候，流动方向流体单元发生了剪切和拉伸作用。长链分子互相缠绕或者自身缠绕。在拉伸过程中，如果拉伸效率足够大，发生变形的时间就足够短，这个过程和聚合物分子松弛时间在同一个数量级上。那么相互缠绕或者自缠的分子在没来得及解缠的情况下，便会在较大应力下发生力学的降解作用。PAM 分子局部剪切应力不仅使单个分子发生缠结作用，还会改变聚合物的双电层结构，使部分已经水解的聚丙烯酰胺电解质离子周围不断产生高黏滞层。这正是黏弹性流体的流动现象。PAM 的部分水解溶液在较低剪切速度下黏度较高，而在高剪切速度下引起黏度降低，扩散层的切变面将接近凝聚离子的骨架。在输送具有较高能量的时候，通过流体的传递应力作用，降低了分子间的相互作用，减小了双扩散层的厚度降低了溶液的表面黏度。因此，HPAM 溶液的黏度和盐水溶液的黏度基本相同。在高剪切速度下，PAM 溶液和盐水溶液的黏度基本相同。

尽管聚丙烯酰胺在混配、经泵和闸门输送、注入通过炮眼或在井筒附近的地层都会出现高的剪切条件，但聚丙烯酰胺对机械降解还没有高到不能用于聚合物驱的严重敏感程度。大庆油田采用改进注入工艺设备和增多炮眼数量等措施，在聚合物驱工业化应用中已成功地将聚丙烯酰胺的剪切降解损失大幅降低。

采用浓度为 1000mg/L 的聚合物溶液在吴因搅拌器中，40V 电压下，低挡搅拌剪切 30min，分别测定 HPAM 及 KYPAM 在 45℃不同矿化度条件下，普通聚丙烯酰胺与梳形抗盐聚合物的剪切稳定性差异。KYPAM 的抗剪切性能略高于普通聚丙烯酰胺，而且最终黏度值均高于普通聚丙烯酰胺。

（四）聚合物溶液的生物降解

合成的水溶性聚合物具有较好的耐生物降解作用。过去人们普遍认为PAM是细菌产生的毒物，基本上不受微生物的影响。但是如果PAM溶液内存在细菌需要的养分，细菌就会滋生并且活动。近年来，人们发现PAM的降解产物实际上是细菌生命的营养物质，反过来营养的消耗作用又进一步促进了PAM溶液的降解。在实践中，PAM溶液从配置到注入井下的过程中，首先会经过一个开放的系统，然后经过一个密闭的系统。在整个过程中，细菌的生长条件都是存在的，因此细菌在这个过程中很有可能生长繁殖。在大庆油田的聚合物驱油实践中发现，一部分水样PAM溶液浓度达到450mg/L，SRB细菌则达到每毫升1000个，TGB细菌则达到每毫升100个。因此，在实践中细菌的生长不仅会对抽油设备造成穿孔腐蚀与堵塞，而且会对PAM的降解产生促进作用，最终导致油田驱油效率下降。

SRB在聚丙烯酰胺分子中的羧基影响下，能够得到负电荷，通过硫酸盐作为末端电子接受体不断反之。PAM碳链上羧基的消耗促进了PAM的进一步降解，并为SRB生长提供更多的营养物质，使SRB的代谢更加旺盛。SRB溶液生长最为合适的浓度是500~800mg/L。

SRB接种到聚丙烯酰胺中的生长会经历一段时间的停滞。在停滞阶段，SRB细菌消耗细胞内的养分维持物质增加不消耗外部营养。因此，在这个阶段，PAM溶液的浓度和相对分子质量不会发生变化，水溶液黏度也不会改变。因此，PAM溶液的生物降解会经历一段时间的诱导。在这个阶段，聚丙烯酰胺的降解速度下降，也就是说，当SRB处于衰亡时，PAM溶液的降解速度上升非常缓慢。

当接种的菌量为每毫升3.6×10^4个时，浓度为1000mg/L的聚丙烯酰胺溶液的黏度损失达19.6%，也就是说，PAM溶液细菌的浓度增加到一定程度时，黏度损失不会有明显增加。这种情况会使细菌接种增加，造成生长空间以及营养供应明显不足，使SRB生长受到明显抑制。

SRB细菌和PAM溶液接触之后不会立即产生反应，而是要经过一个阶段的诱导。细菌适应环境以后会和溶液重新聚合接触，这样就大大缩短了诱导时间，使细菌分解能力明显增强。在三次采油过程中，黏附在管壁上的细菌和不断注入的PAM溶液接触，使SRB分解PAM溶液的能力大大增强，从而降低聚丙烯酰胺的黏度，必须引起三次采油工作者的高度重视。

对于SRB细菌的处理，最常用的方法是使用杀菌剂。国内外最常用的就是使用甲醛杀菌。甲醛的作用时间相对较长，而且具有良好的稳定性，能够抗氧化，具有成本低、效果显著的特点。在甲醛溶液中增加醇以后的杀菌效果更好。国外使用甲醛杀菌的时候，配比浓度一般设定为200~400mg/L。甲醛的稳定性会受到高温、高盐的影响。因为甲醛的毒性很强，很多矿场已经开始限制使用甲醛。当前聚合物驱油现场多数采用曝氧的方法，取得稳定聚丙烯酰胺溶液黏度的效果。但是曝氧的杀菌效果很有限。因为曝氧只对厌氧细菌产生作用，对于兼性细菌来说，曝氧并不产生作用。而且细菌的变异能力很强，对现有的曝氧方法提出了更多挑战。

（五）聚合物溶液的絮凝性

PAM 溶液的絮凝性作用产生于电荷的中和与吸附絮凝作用。电荷中和使悬浮粒子成为不稳定的粒子聚集。吸附絮凝通过架桥、吸附，使小粒子聚集成为絮团。PAM 是一种具有极性的高分子，分子链上的酰氨基能够和许多物质亲和、吸附形成氢键。而且 PAM 分子链的相对分子质量很高，长碳链上的活性官能团可以吸附在分散体系的粒子上，在长碳链结构中，多个高分子化合物都有许多官能团，可以吸附多个粒子。因此，PAM 在絮凝中起到了联结的作用。由于 PAM 高分子聚合物的架桥作用能够将许多微粒凝聚成一个絮凝团。这个絮凝团不断增长形成一个较大絮凝团，从而形成一个微粒的沉降速度。絮凝作用吸附在本质上改变了微粒的接触表面，和原来的微粒有明显不同。在 PAM 絮凝作用形成絮凝团并且覆盖微粒表面的时候，这种絮凝作用则达到最佳，沉降速度最快。但是当微粒吸附过量的 PAM 之后，微粒表面已没有空余的地方吸附起到黏结作用的时候，又由于 PAM 带有许多亲水官能团，反而会产生一定的分散作用。溶液或者悬浮溶液成为稳定的分散体系，只有在吸附的 PAM 高分子长碳链能够形成链和，絮凝作用才能产生。

凝聚与絮凝作用的区别从不同的机理可以看出，凝聚作用和絮凝作用虽然能够起到加速分离的作用，但是作用的机制明显不同。凝聚作用的机理是分散体中加入无机带电粒子，通过电性的中和作用，降低了电位，从而减轻微粒之间的排斥作用，达到凝聚目的。絮凝作用则是利用许多具有活性的官能团高分子线性化合物能量实现多个微粒的吸附。架桥作用可以将许多微粒凝聚起来形成较大的松散微粒团，从而达到絮凝的目的。在鼓励分离过程中，两种作用有明显的不同，因此效果也不尽相同，具体来说，主要有以下四点不同：

第一，微粒团的大小不同。絮凝作用产生的微粒团要比凝聚作用的微粒团更大。这是因为高分子絮凝本身具有凝聚剂所没有的独特特征——吸附作用。这个功能可以让许多微粒结合起来，形成更大的絮凝团。

第二，沉降速度不同。由于有了更大的絮凝团，絮凝作用的沉降速度更大。悬浮微粒的沉降速度和粒径成正比。一些有机高聚物通过架桥作用能够实现多个微粒的有效联结，形成大的絮团。这种絮团的沉降作用和大颗粒相似。因此，其沉降速度更快。凝聚作用则是依靠碰撞黏附在一起的，因此聚集速度很慢，微粒团也更小，沉降速度非常缓慢。

第三，絮团强度不同。日本鹿野、武彦观察电子显微镜照片，其照片是在染料溶液中分别添加高分子絮凝剂和无机凝聚剂以后，将生成的絮团干燥，然后用扫描电子显微镜放大拍摄而成的。从照片观察到，没有添加药剂时，看不到任何类似絮凝的物质，其染料粒子好像薄薄的塑料片一样。从用硫酸矾土凝聚处理后获得的凝聚物照片上可以清楚地看到，生成了独立的、坚硬的金属片状凝聚物，再放大可以更清楚地看到凝聚物的状态。从用阳离子型高分子絮凝剂处理后的絮凝物照片上可以看到，絮凝物比用硫酸矾土时大得多，而且看不到独立金属片状凝聚物。如将照片进一步放大，则可清楚地看到，由高分子絮凝剂结合的微粒像海绵一样，它与使用无机凝聚剂时所得的金属片状凝聚物相比松散得多。

从上述两种作用的机理可以归纳得出，凝聚作用是压缩微粒团的排斥能，然后通过吸附作用，使不同微粒之间靠得很近。而絮凝作用则是依靠长碳链高分子作为纽带，使不同微粒凝结起来。

第四，具有不同的滤饼含水率。显然，絮凝作用生成的微粒团相对较为松散，微粒间有很大间隙。水分子可以直接侵入絮凝团内部。因此絮凝作用的滤饼含水率更高。而凝聚作用产生的微粒团相对坚硬密实，原因是絮凝团内部没有空隙，水分子不能进入，滤饼含水率因此更低。

三次采油中的聚丙烯酰胺用量已远远超过微粒产生絮凝的量，对水中的微粒起到分散稳定的反絮凝作用。因此，聚丙烯酰胺将包覆在配制聚合物的水中微粒表面，降低聚丙烯酰胺在水中的有效浓度和黏度，还可能容易破碎或变形造成对过滤器或地层的堵塞伤害，应引起现场应用的重视。

（六）聚合物溶液的注入性

PAM 溶液注入水的黏度相对增加，在油层空隙中发生的吸附与捕集作用，向地面渗流的阻力增加。因此，在相同的注入速度下，PAM 的注入压力比水的注入压力高 2~3MPa。在注入聚合物之后，注入井周围油层的渗透速率下降较快，注入初期的压力上升相对较快。在近地带油层中聚合物的吸附和滞留达到平衡，渗透速率不再降低，注入压力趋于平衡。PAM 注入能力下降的速度大小，主要受油井之间距离、油层的条件、注入的速度以及聚合物性能等方面的影响。

注入性差的聚丙烯酰胺作为流动控制剂注入油藏，会导致聚合物的注入能力急剧下降，严重时还会破坏地层结构，导致聚合物驱油的失败。聚丙烯酰胺产品的不溶物含量及不可无限溶胀的微凝胶含量是衡量聚合物质量的关键指标之一。

1. 聚合物微凝胶的控制

研究表明，聚丙烯酰胺产品中的少量不溶物可以采用过滤的方法去除，而聚丙烯酰胺产品中的微凝胶目前没有经济可行的去除方法。HPAM产品中的微凝胶含量可采用过滤因子来表征，聚合物溶液的过滤因子越大，说明聚合物中含微凝胶越多。罗健辉等提出“嵌段水解体的存在是造成 HPAM 过滤因子增大的原因”，这一假设对合成三次采油要求低过滤因子、高相对分子质量部分水解聚丙烯酰胺具有指导意义。通过在不同条件下制备聚丙烯酰胺，以不同方式将胶状体产物水解到不同程度，再用不同干燥设备，在不同温度下将部分水解体干燥不同时间，测定所得 PAM 或 HPAM 的过滤因子，找出合成工艺条件和干燥设备类型对过滤因子影响的规律。实验表明，水解度对过滤因子无影响，引发体系、聚合温度、水解方式、干燥温度、干燥时间和干燥设备对过滤因子影响极大。

（1）引发体系影响。辐射引发的聚合物 PAM 过滤因子增高，这主要是因为 γ 射线一方面能够引起 PAM 聚合，另一方面则会引起 PAM 分子链的断裂。这个作用的结果是支链增多，甚至产生三维交联。因为氧化还原作用引发聚合的 PAM，过滤因子基本上可以达到驱油的要求。因为符合引发聚合的 PAM，过滤因子最低。合成驱油用的高分子量和低过滤因子的 PAM，不可以使用辐射的引发方式。

（2）聚合温度的影响。PAM 溶液聚合时产生支链的多少和聚合物的温度相关。一般来说，在 60℃以下产生的基本上是线性聚合物，高于 70℃时容易产生明显的长支链，从而增大过滤因子。因此可以得出结论，聚合物温度小于 60℃时，温度对过滤因子基本没有影响；聚合物温度超过 60℃，温度的影响越来越大。

2. 注入性能的判断

国外油田在使用聚合物驱油进行选择的时候，除了一般的溶液性能测试之外，还必须对填砂管的注入性能进行考察。国外油田注入性能考察主要有单级填砂管和串联二级填砂管两种方法。

（1）单级填砂管法。单级填砂管法的装置如图 1–1 所示，注入性能差的聚合物考察结果如图 1–2 所示。

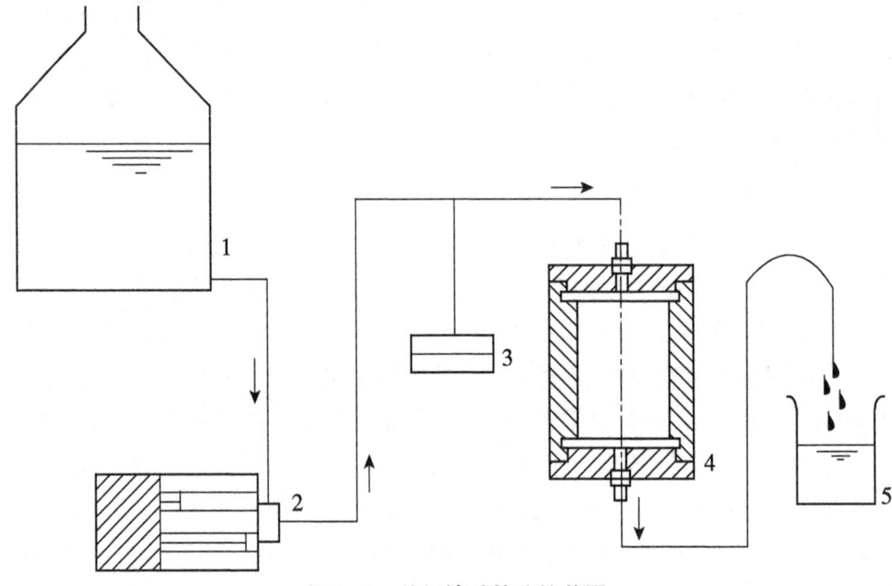

图 1–1　单级填砂管法的装置

1—聚合物溶液；2—泵；3—压力传感器；4—填砂管；5—取样容器

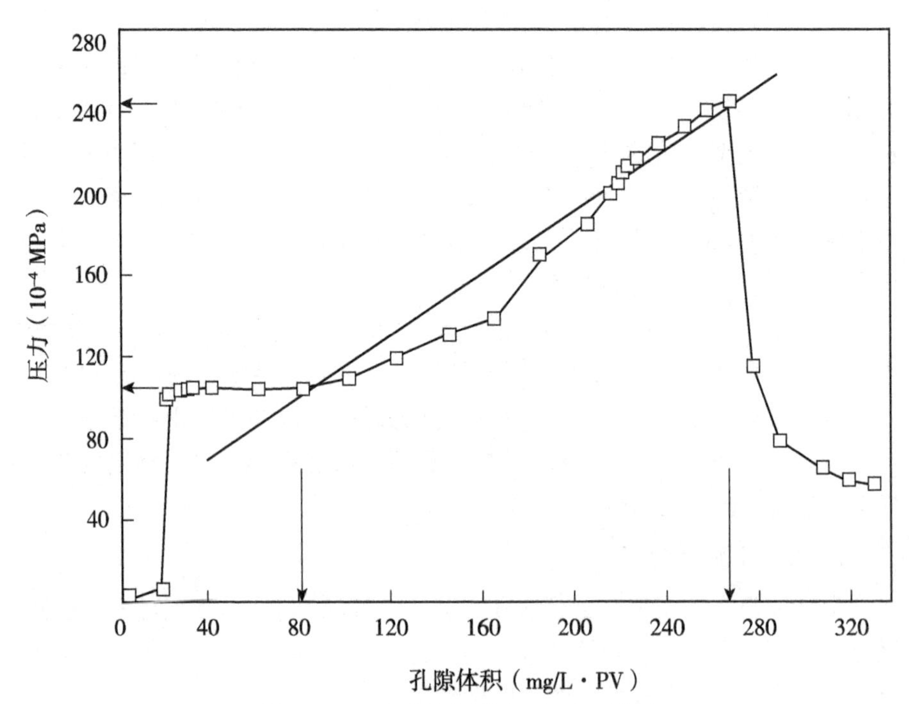

图 1–2　注入性能差的聚合物考察结果

（2）串联二级填砂管法。串联二级填砂管法的装置如图 1–3 所示，注入性能好的聚合物考察结果如图 1–4 所示，注入性能差的聚合物考察结果如图 1–5 所示。

从图 1–3~ 图 1–5 可以看到，在注入性能好的聚合物过程中，注入压力迅速上升，并很快达到一稳定值。在注入性能差的聚合物过程中，注入压力持续上升，没有稳定值，这种聚合物不能用于油田三次采油。

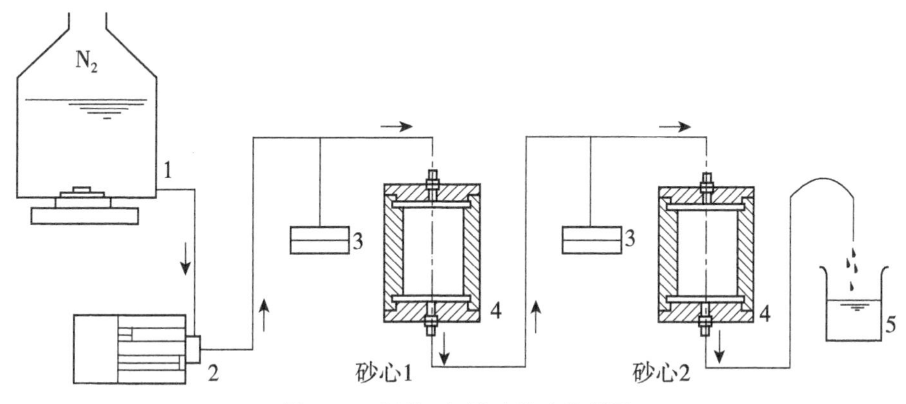

图 1–3　串联二级填砂管法的装置

1—聚合物溶液；2—泵；3—压力传感器；4—填砂管；5—取样容器

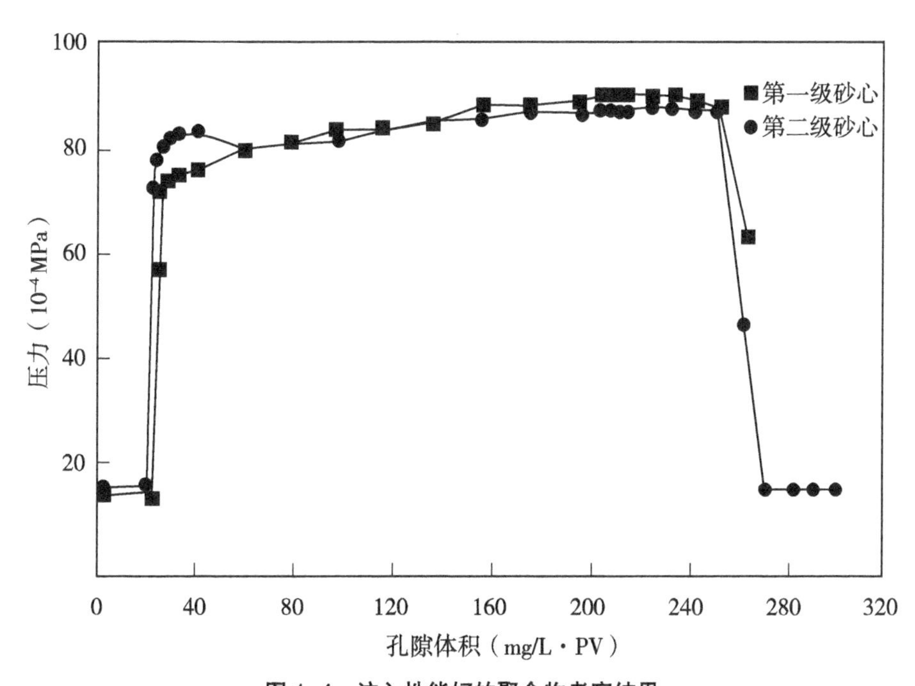

图 1–4　注入性能好的聚合物考察结果

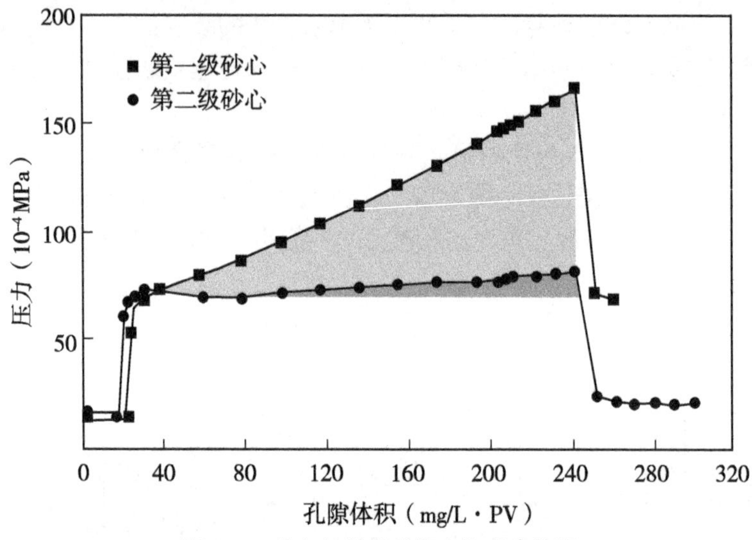

图 1-5　注入性能差的聚合物考察结果

三、聚合物驱油机理

通过前文的描述可以看到，聚合物驱油的一个关键指标是聚合物的黏度。提高聚合物注入溶液的黏度，调节油层中油水两相的流度比，从而达到扩大体系的目的。

当同时考虑波及程度与洗油效率两个因素时，原油采收率 E_R 表示为：

$$E_R=\frac{V_{采出}}{V_{地下}}=\frac{V_{原始}-\left(V_{未波及}+V_{波及区参与}\right)}{V_{原始}}=\frac{V_{波及}-V_{波及区参与}}{V_{波及}}=E_V\cdot E_D$$

式中：E_R——原油采收率；

E_V——波及程度；

E_D——洗油效率。

上式说明，油层的采收率和注入的波及系数以及采油效率有关，波及系数或者效率越大越高，油藏的采油率就越高。

（一）改善流度比，扩大波及体积

聚合物驱油是原油和聚合物溶液的两相流动，可用 Buckley-Leverett（1942）推导的分流方程描述。Dyes 等人（1954）定义了流度比：

$$M=\frac{\lambda_w}{\lambda_o}=\frac{\dfrac{K_w}{\mu_w}}{\dfrac{K_o}{\mu_o}}=\frac{K_w}{K_o}\cdot\frac{\mu_w}{\mu_o}$$

式中：λ_w——水的流度，$\lambda_w=\frac{K_w}{\mu_w}$；

λ_o——油的流度，$\lambda_o=\frac{K_o}{\mu_o}$；

K_w、K_o——分别为水相及油相渗透率，mD；

μ_w、μ_o——分别为水相及油相黏度，MPa · S。

当$M\leqslant 1$时，表明油的流动能力比水强，水驱油的效果好，接近于活塞式驱替（Mungan 等人，1966）；当$M>1$，则水的流动能力比油强，更容易流动的水将呈手指状通过油层（指进现象），而将大部分原油留在油层内。因此，即使在均质油层条件下，如果流度比不适当，波及系数也可能是很低的。聚合物的加入可以提高水相的黏度μ_w，同时降低K_w，使流度比M降低，因而可以提高驱替液的波及。

波及系数定义为被驱油剂驱扫过的油藏体积（V_s）与油藏总体积（V）之比。一般情况下，波及系数指体积波及系数，它是平面波及系数与垂向波及系数的乘积（Towsend 等人，1977），即：

$$E_V=E_A\cdot E_h$$

（二）增加驱替相的流动阻力

地下油层的情况非常复杂，油藏具有非均质性的特征。聚合物溶液会优先流到油藏高渗透的部位。在流动过程中，聚合物溶液一方面表现出黏度升高，另一方面则造成渗透率降低。这种综合作用首先增加了溶液在油藏高的部位渗透力增加，提高了波及效率。阻力系数R_f定义为：

$$R_f=\frac{\lambda_w}{\lambda_p}=\frac{\frac{K_w}{\mu_w}}{\frac{K_p}{\mu_p}}$$

式中：R_f——阻力系数；

λ_w——水的流度；

λ_p——聚合物的流度；

K_w——水的渗透率；

K_p——聚合物的渗透率；

μ_w——水的黏度；

μ_p——聚合物的视黏度。

上式表明，阻力系数为水的流度与聚合物溶液的流度之比。

残余阻力系数（Residual Resistance Factor）的定义则为聚合物溶液注

入前后水流度之比，也可表示为注入聚合物前后盐水的渗透率之比，即：

$$R_{rf} = \frac{K_{wi}}{K_{wa}}$$

式中：R_{rf}——残余阻力系数；

K_{wi}——注入聚合物前盐水的渗透率；

K_{wa}——注入聚合物后盐水的渗透率。

很显然的是，残余阻力系数通常表现为水的渗透力减小。在文献中，这经常被称为“渗透率下降”。PAM溶液的残余阻力系数常常大于其黏度。这种情况则说明PAM溶液黏度增加并且降低了水的渗透率，减小了水的流度。渗透率下降是盐水驱替聚合物段塞后仍部分保留。

（三）聚合物溶液黏弹性的作用

相关研究表明，聚合物溶液的黏弹性对于流体在盲端的流动影响较大。流体的黏弹性越大，盲端内的流速和应力就越大，流体在盲毒的波及深度也就越大，也就越有利于流体提高残余油的驱替。

第二节　聚合物性能评价

一、聚合物驱增油效果评价

（一）评价准备

1. 增油效果评价计算应具备的条件

聚合物驱增油效果评价计算前，要全面收集该项目及周边所有生产井、注入井及观察井的各项动态监测资料，汇总整理出相应的数据表及单井、区块（井组）开采曲线，开展生产动态分析，要重点分析实验前油水井归位补孔及周边注入井、生产井对其生产动态的影响，以合理确定见效时间、见效前指标和回归计算时间段。开发先导实验项目在进入现场实施前，必须保证有较长时间的稳定生产（一般要求井网归位完善后水驱生产3个月以上）。

2. 见效时间的确定

聚合物增油效果评价计算时，须先合理确定其见效时间，在见效期内采用合理的增油量计算方法进行增油效果计算。见效时间的确定应遵循如下原则：

（1）单井含水连续下降或下降后稳定，且含水下降值大于 1%；

（2）开发效果变好，水驱特征曲线发生明显转折；

（3）在见效增油的初始 3 个月内，平均见效单井日增油水平必须大于或等于 1t，且见效增油期必须大于 3 个月。

在阶段增油量计算中，单井见效半年内可以视生产动态、增油计算指标和预测水驱含水上升速度等情况，对见效时间、增油计算方法和回归计算时间段进行适当调整。

3. 见效前指标的确定

见效前指标为见效前正常生产月度数据，并按如下方法取值：

（1）单井为月平均日产液能力、日产油能力和含水率；

（2）区块（井组）为月平均日产液水平、日产油水平和综合含水。

4. 回归计算时间段的确定

回归计算时间段的确定，必须符合计算公式的适用范围，采用有代表性的生产动态数据来预测开发指标的变化，并应遵循如下原则：

（1）在计算公式的适用范围内；

（2）回归数据点不少于 6 个点；

（3）回归相关性好，预测指标合理。

5. 见效单井的失效标准

（1）必须在结束现场化学驱油剂注入 3 个月之后；

（2）连续 3 个月满足下列条件之一：计算的月增油量不小于 3t，含水率不小于 98%。

（二）增油量计算方法

在注水开发的油藏，进入高含水开采期后，由于剩余原油储量的减少，含水率不断上升，当油藏的排液量已达到经济界限或地层因出砂而达到界限排液量后，油藏的日产油必然会出现递减现象。增油量计算是利用油藏或油井见效前一段时间内的历史生产动态数据，预测目前某一时刻不改变开采方式下的水驱产量。聚合物驱的增油量就是实际产量与预测的水驱产量的差值。

（1）累积液油比—累积产液外推法。

基本公式：

$$\frac{L_{\mathrm{P}}}{N_{\mathrm{P}}}=a+b\times L_{\mathrm{P}}$$

校正公式：

$$\frac{L_p+c_1}{N_p+c_2}=a+b\times\left(L_p+c_1\right)$$

增油量计算公式：

$$\Delta n_{pt}=N_{pt}-N_{ptc}-\Delta N_{pt-1}$$

$$N_{pt}=\Delta n_{pt}+\Delta N_{pt-1}$$

式中：a，b——系数；

c_1，c_2——校正系数；

L_p——累积产液量，t；

N_p——累积产油量，t；

N_{pt}——t 时刻的单井实际累积产油量，t；

N_{ptc}——t 时刻的单井预测累积产油量，t；

ΔN_{pt}——t 时刻的单井阶段累积增油量，t；

ΔN_{pt-1}——t–1 时刻的单井阶段累积增油量，t；

Δn_{pt}——t 时刻的单井月度增油量，t。

适用范围：见效前综合含水大于 60%，且有较长时间（一般）大于两年的稳定水驱生产，在回归计算时间段内含水上升规律基本符合驱替特征法的应用条件，回归相关性好，预测的单井含水上升速度基本符合含水上升规律。

（2）产量递减预测法。

基本公式：

$$Q_t=Q_i\left(1+D\times n\times t\right)\left(-1/n\right)\ (0<n<1)$$

校正公式：

$$Q_t=Q_i\left[1+D\times n\times\left(t+c\right)\right]\left(-1/n\right)(0<n<1)$$

增油量计算公式：

$$\Delta n_{pt}=\left(Q_t-Q_{tc}\right)t_p(0<n<1)$$

式中：c——校正系数；

D——递减系数，小数，mon^{-1}；

n——指数，无因次；

Q_i——t=0 时刻的递减初产油量，t/d；

Q_t——t 时刻的瞬时（实际）产油量，t/d；

Q_{tc}——t 时刻的单井预测产油量，t/d；

t——计算对应的时间，mon；

t_p——t时刻的单井生产时间，d。

适用范围：见效前日产油有3年以上的稳定递减趋势，见效前后产液量变化小于±30%，回归相关系数大于0.7。

（3）累积产液—累积产油外推法。

基本公式：

$$\lg\left(L_{\mathrm{P}}\right)=a+b\times N_{\mathrm{P}}$$

校正公式：

$$\lg\left(L_{\mathrm{P}}+c_1\right)=a+b\times\left(N_{\mathrm{P}}+c_2\right)$$

增油量计算公式同累积产液外推法。

适用范围：与方法（1）的适用范围相同。

（4）净增油计算方法。

基本公式：

$$\Delta n_{\mathrm{pt}}=\left(Q_{\mathrm{t}}-Q_0\right)t_{\mathrm{p}}$$

式中：Q_0——见效前指标的日产油，t/d。

增油量计算公式同累积产液外推法。

净增油计算法既是增油量计算方法之一，又是增油效果评价的独立指标。

（三）增油量计算方法选择

当单井含水率大于80%时，优先采用方法（1）进行增油量计算。对于那些开采时间较短的新井和更新井以及生产不正常的老井，则可以利用油藏相近的老井生产数据计算出回归系数，经过校正后进行增油量的计算。当以上两种方法都不能正常使用时，则可以依据殊勋选用方法（2）、（3）进行试算，或者直接采用方法（4）计算。

二、聚合物驱项目经济评价

（一）增量法

在实践中，聚合物驱油要在不同程度上利用原来水驱油的井网和地面建设资产，达到用最小的投入获得最大的油气产量的目的，从而获得新增的效益。依据我国石油改扩建项目经济评价的相关规定，聚合物驱油项目明显属于改扩建项目。其中改扩建的目的是增加采油产量。因此，在聚合物驱油效果技术评价中，应该把水驱的预测结果作为对比的标准，其技术指标主要包括增油量、采收率、聚合物增油、注水利用率等。同样在经济评价中，聚合物驱油的经济预测结果同水驱相比较才有意义。

改扩建项目经济评价方法主要有两种："有无对比法"和"增量法"。"有无对比法"是指"有项目"与"无项目"对比，用增量效益与增量费用进行增量分析。在计算的时候，可以称继续水驱项目为"无项目"，聚合物驱油项目则称为"有项目"。"有项目"和"无项目"的对比结果应该是销售收入的增加、成本的增加和投资的追加。这是一种规范和严谨的方法。也就是考虑水驱项目聚合物驱油项目的全部技术，然后对聚合物驱油项目以及水驱项目增量进行分析。"增量法"是指直接计算增量效益的方法，仅考虑聚合物驱油项目比水驱项目增加的产量引起的销售收入增加，分析增量效益和增量评价的指标。

经多方验证，以上两种方法的预测结果是一致的。比如，用"有无对比法"预测出的聚合物驱的结果等于用"无项目"预测水驱的结果与"增量法"的预测结果之和。"有无对比法"是规范的方法，这种方法比较严谨，可以直观地分析出聚合物驱项目比水驱项目所增加的效益和投入。但是"有无对比法"在预测水驱选取经济参数时会遇到很多困难。比如，做水驱预测时，如果不打加密井，存在老井的投资怎么算，固定资产的残值是否折旧等问题。另外，在计算成本费用时，将 16 项成本和 3 项费用全部收集得很清楚，也是很困难的。而"增量法"可以免去水驱预测的经济参数不易选准的许多困难，仅考虑增量所对应的效益和投入，简化经济参数的选取，结果与"有无对比法"相同。因此，聚合物驱项目财务评价方法可直接采用"增量法"。

"增量法"评价步骤如下：

（1）利用数值模拟软件（VIP–Polymer，COMP4，CMG，RIPED-EORPM 等）分别预测出继续水驱和聚合物驱项目的年产油量、年产气量、年产水量、年注水量和年注剂量。

（2）将聚合物驱项目与水驱项目之间的产油、产水、产气、注水量及注剂量逐年、逐项相减，得到各项历年的增量。图 1–6 所示的阴影部分就是聚合物驱项目与继续水驱项目之间的增油量。

（3）收集增量法计算需要的各项参数，主要有追加投资、销售收入增加预期、应缴税金等。

（4）计算聚合物驱油项目不同方案增量指标，用指标对比方法筛选出多种较优的聚合物驱油项目方案作为准备实施项目。

（5）准备拟实施项目的增量进行进一步经济分析：进一步筛选经济参数，确定一组基础参数，进行预测，得出基础参数指标，并对项目做出不确定性的分析。

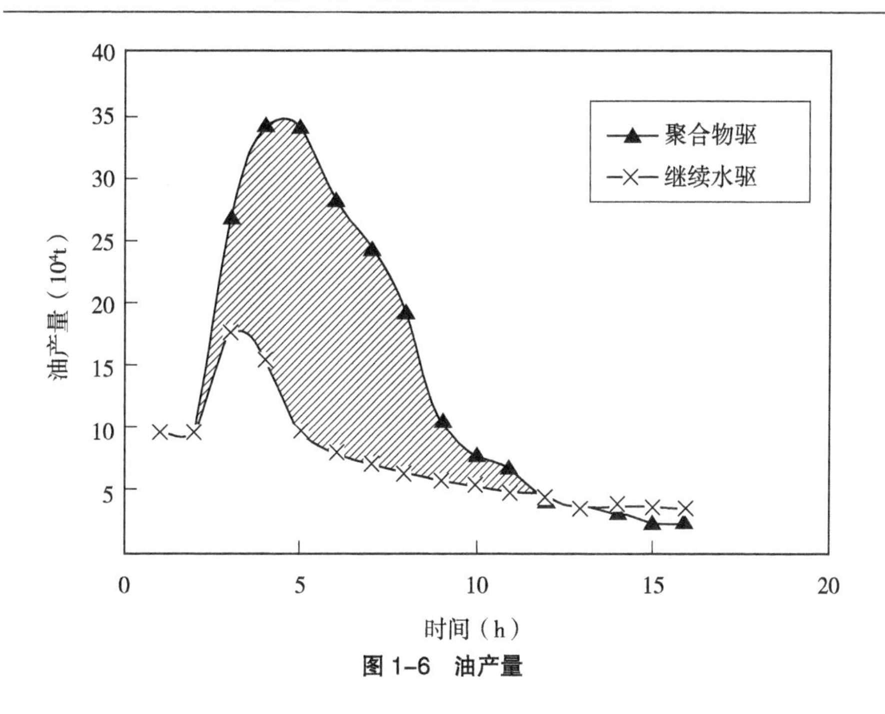

图 1-6　油产量

（二）财务评价指标

1. 财务内部收益率（*FIRR*，%）

在财务评价中，内部收益率指标是最常使用的一个，是计算一个会计期间内累计现金流量等于零时的贴现率，具体公式为：

$$\sum_{i=1}^{n}(CI-CO)_t(1+FIRR)^{-t}=0$$

式中：*CI*——现金流入量；

CO——现金流出量；

$(CI-CO)_t$——第 *t* 年的净现金流量；

n——项目计算期，a。

内部收益率指标反映了项目资金的实际盈利率，是投资者投资收益的重要指标。内部收益率指标是根据净现金流量表试差法计算出来的。一般来说，对于一个项目的评价为，内部现金流必须大于或等于石油行业的基准内部收益率（$I_c=12\%$），方认为这个项目可以接受。

2. 财务净现值（*FNPV*）

财务净现值法是按照石油行业的基准收益率计算项目各期内的净现金流量，并折现到项目建设初期的净现值之和，具体表达式为：

$$FNPV = \sum_{i=1}^{n} (CI - CO)_t (1 + I_c)^{-1}$$

式中：（$CI–CO$）——第 r 年的净现金流量；

I_c——行业基准收益率。

净现值是考察项目盈利能力的一个动态指标，对于一个项目来说必须大于或等于零。图 1–7 显示净现值随年份变化的趋势。

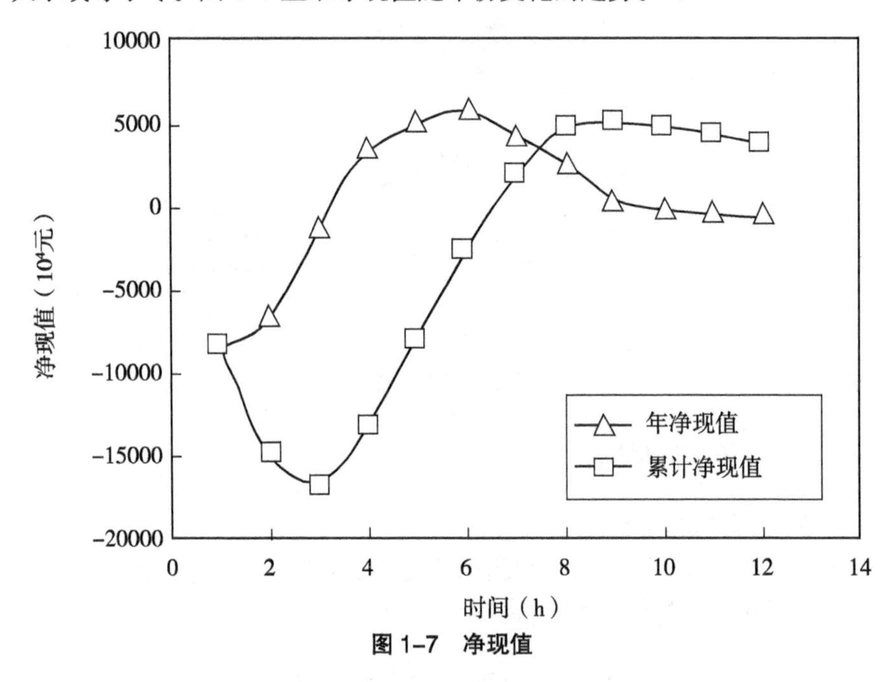

图 1–7　净现值

3. 投资回收期（P_t）

投资回收期是指财务上按照项目的净收益抵偿全部投资需要的时间，具体来说，其表达式为：

$$投资回收期P_t = 累计现金流开始出现正值的年份 - 1 + \frac{上年累计净现金流的绝对值}{当年净现金流量}$$

净回收期是项目的投资回收能力，也就是资金偿还速度的一个指标。应该尽可能小于石油行业的基准回收期（P_t=6 年）。但是因为这种方法没有考虑投资回收之后的情况，也没有考虑投资方案的长期使用，因此不能全面反映项目的经济性。投资回收期一般只作为一个辅助指标和其他指标配合。

4. 投资利润率

项目的投资利润率是指项目达到设计生产能力之后正常生产的年份

利润总和与项目的总投资比例。如果在一个会计期间的利润总额出现高速增长，则应该计算整个生产期的平均利润总额与总投资比率，具体表达式为：

$$年投资利润率=\frac{年平均利润总额}{项目总投资}\times 100\%$$

投资利润率反映了项目的单位投资所获年利润的能力，是项目投资的一个静态指标。平均投资利润率的可接受水平为石油 17%，天然气 10%。

（三）项目比较方法——净现值法

对于同一油藏来说，不同方法有不同程度的经济评价结果。对于同一采油方法来说，由于使用不同的技术，就会产生不同的结果。有时模拟数值是一个令人满意的结果，但是在实践中未必是。例如，两个注入聚合物的方案，一个注入 0.3PV，一个注入 0.25PV，从油藏的角度分析，注入 0.3PV 的效果更佳，但是从经济的角度分析注入 0.25PV 的效果则更好。当然在一些时候，两个方案的差别很小，很难判断。这就必须从不同的指标进行对比分析。

对于同一项目来说，净现值是最佳的判断方法。一般来说，净现值大的项目相对更优。

净现值法的计算公式：

$$净现值率（NPVR）=\frac{FNPV}{I_P}$$

式中：I_P——项目全部投资现值；

$FNPV$——财务净现值。

在项目投资资金有限的情况下，一般采用净现值率的方法。净现值率大的项目更优。净现值率表明了项目的单位投资收到的净效益。

（四）项目的确定及确定项目的不确定分析

在确定优化项目以后，应该对项目进行进一步的经济分析。首先分析项目的敏感性，其次估算敏感参数。在必要的时候，项目要对其他会计参数进行细致估算，得到尽量准确的结果。在各项经济参数确定以后再做详细计算，得到这个项目的评价结果。当然，这个结果的可信度值得探讨。经济评价用电基础数据大部分都是预测或者估算而来的，具有一定的不确定性，给项目带来一定的风险。为了给决策者提供可靠的数字依据，除了用基本经济参数进行分析，还要对结果做不确定性分析。不确定性分析主要包括敏感性分析、盈亏分析和概率分析。盈亏分析只用于财务评价，而敏感性分析则可用于国民经济评价。

1. 敏感性分析

敏感性分析主要是指因为技术、经济参数的不确定对经济评价指标的影响，找到项目的敏感因素和影响程度。一般来说，油气项目的敏感性分析主要包括四个因素，分别是油气产量、油气价格、试剂费用和投资。这四个因素分别变化一定比例（±10% 和 ±20%）时引起评价指标的变化幅度，也可以表示为评价指标达到临界点时允许不确定因素变化的幅度，也就是给出极限值。当项目参数变化幅度超过极限值时，则说明项目在经济上不可行。对于不确定性因素，最好做出一定的风险分析。敏感性分析的方法比较直观。

2. 盈亏分析

盈亏分析是指通过平衡点分析项目的成本和收益平衡关系的方法。在产品税后总销售收入和产品总成本相等的时候，油气项目的收益即达到盈亏平衡点。与盈亏平衡对应的横坐标就是保本油产量。对于油气项目来说，盈亏平衡点越低，适应市场变化的能力越大，抗风险的能力越强。

第三节　聚合物驱油的地面处理

一、聚合物驱油对地面工艺的基本要求

从以上描述中可以看到，聚合物驱油实际上是把聚合物作为一种添加剂放到水中，增加水的黏弹性，结合聚合物的黏弹性，降低油层的水相渗透率，改善水油的流度比，提高驱替剂的波及体积和驱替效率，进而提高原油的采收率。在确定聚合物驱油对地面工艺的要求之前，首先弄清楚聚合物溶液黏度的主要因素，以便在设计聚合物溶液配制体系时，最大限度地提高聚合物溶液黏度。

（一）影响聚合物溶液黏度的主要因素

在使用聚合物的种类以及浓度确定之后，影响聚合物黏弹性与稳定性的因素主要有：配制水、地下水、温度、机械剪切、化学和生物降解等。

温度、机械剪切、化学和生物降解等因素在前文中已经提到，这里不再重述。下文主要讨论水对聚合物溶液黏度的影响。

水对聚合物溶液的黏弹性和稳定性影响极大。聚合物在低矿化度水

中，分子延伸性好，力学半径大，黏弹性大大提高。而随着水矿化度的增加，聚合物溶液黏弹性急剧下降。

（二）聚合物驱油对地面工艺的基本要求

在水中注入聚合物的根本目的就是增加水的黏弹性。因此，保护聚合物溶液的黏弹性是地面工艺设计的核心，也是聚合物驱油对地面工艺的基本要求。具体来说，地面工艺有如下基本要求：

（1）尽量使用低矿化度水。

（2）降低热降解作用，地面系统温度控制在70℃以下。

（3）聚合物对Fe^{2+}非常敏感，因此，地面设施尽量采用不锈钢材料。从注入水的角度来看，应该对Fe^{2+}的含量进行检测，或者曝氧，降低Fe^{2+}的含量。

（4）注入水应该杀菌。

（5）聚合物注入过程中应该采用容积式泵，减少泵入的机械剪切影响。

除了最大限度地保护聚合物溶液外，还要达到如下基本要求：

第一，聚合物应该按照一定的浓度段塞注入；

第二，混合配比是聚合物注入工艺的关键。

二、聚合物驱油地面工艺流程及装置

正如前文所言，聚合物驱油的地面工业关键是解决溶液配比的问题。在实践中，聚合物的存在形态一般有三种，分别是固体分状聚合物、水溶液聚合物和乳液聚合物。使用水溶液和乳液聚合物进行驱油的时候，只需将其注入泵中，然后点注到水中即可。然而在使用固体分装聚合物驱油的时候，必须考虑固体到液体的诸多环节，例如分散、溶解、熟化等溶液配制过程。必须指出的是，整个过程中要防止聚合物溶液降解。这里主要介绍固体分装聚合物的配制注入过程，包括目的液和在线混配。

（一）聚合物溶液配制过程

聚合物溶液的配制流程如下：

聚合物干粉→配比→分散→熟化→转输→过滤→储存。

配比是指对使用水量和干粉量进行计量，并且使水与聚合物干粉均匀地按照一定比例进入下一道程序中。

分散是指聚合物干粉颗粒在水中溶解转变为溶液的过程。PAM是高分子物质，溶解与低分子物质存在明显不同。首先聚合物分子和水分子的尺寸有明显的差别，运动速度也有明显差别。水分子能够快速扩散，渗入聚合物分子中。而聚合物向水中扩散则非常缓慢。因此，聚合物溶解过程包括两个阶段：一是水分子渗入聚合物分子内部，使得聚合物体积膨胀；二是聚合物分子均匀分散在水分子中，形成完全溶解的分散体系，也就是溶液。

所谓“转输”，是指利用螺杆泵为聚合物溶液的过滤和输送提供动力，由熟化罐到达储罐或由储罐进入注入站。采用螺杆泵主要是为了减少聚合物溶液的机械降解。

“过滤”是为了除去聚合物溶液中的机械杂质和没有充分溶解的结块和“鱼眼”。

具体配制步骤：

（1）聚合物干粉的添加。采用天吊吊运聚合物干粉加入料斗，料斗的添加口处应安装过滤筐，过滤干粉中的杂物。

（2）聚合物干粉的分散润湿。该过程是聚合物溶液配制的关键，主要是通过下料器频率来控制溶液的浓度，所以，定期校验计量下料器频率和聚合物母液浓度的关系曲线至关重要（一般每个季度校验一次）。在分散润湿过程中，要在现场通过看窗检查计量下料器和水粉混合器的工作状态，以便发现问题及时处理。

（3）聚合物母液的熟化。经分散装置配成的聚合物母液进入熟化罐后的熟化时间不低于2h，在熟化时间内搅拌机应连续运转，母液在熟化罐内的停留时间不得超过24h。

（4）聚合物母液的转输过滤。母液从熟化罐到储罐的转输是通过螺杆泵来完成的。转输过程中同时进行两级过滤，主要是严格控制两级过滤器的总压差，及时更换精滤器的滤袋。

（二）已经形成的聚合物驱油地面工艺流程

经过多年的实践与实验，聚合物驱油的地面工艺从大的范围看可以划分为配注合一与配注分开两个流程。配注合一是指将聚合物溶液的配制过程和注入过程合二为一，统一建在一个站内。配注分开是指集中建设大型的聚合物配制站，配制完成的聚合物分散运输到各个注入站，在注入站完成注入。

配注合一主要适用于小规模聚合物驱油区块。配注分开则适合大规模聚合物驱油区块。

（三）聚合物驱油地面工艺流程的特点

聚合物驱油技术是近几年广泛使用的三次采油技术，已经形成了几种较完整的聚合物驱油地面工艺流程，这些地面工艺流程主要有以下共同特点：

（1）聚合物分散、熟化、过滤、储存是聚合物驱油的重要环节，与其他驱油方式有明显的差别。

（2）在聚合物驱油工艺流程中，溶液的输送、供液、升压等都需要容积式泵，不能采用离心式泵。其中，输注采用螺杆泵，升压注入则采用高压往复泵。主要原因是离心泵在使用过程中输送黏稠液体的效率较低，并且会对聚合物溶液产生较强的剪切作用。

（3）在聚合物驱油地面工艺中，聚合物溶液的计量经常采用容积式流量计，目的也是避免剪切应力的作用。

（四）聚合物驱油设备

1. 聚合物干粉分散装置

聚合物干粉分散装置是注入聚合物工艺的核心设备，性能对整套聚合物系统的运行和驱油效果产生明显影响。因此，选定聚合物干粉分散装置的性能参数时，应该全面考虑，制订一套合理、可行的方案。

聚合物分散装置主要根据水粉的接触方式来划分，下面以喷头型聚合物分散装置为例。

所谓喷头型，是指水和聚合物干粉的接触，集中在一个喷头中进行，水由入口沿芯子切线方向进入水粉混合器，并在水粉混合器的下部形成一个封闭旋转的圆形水幔，聚合物干粉从入口进入并扩散，干粉遇水后迅速分散并开始溶胀，形成混合溶液。

聚合物干粉加入储料斗内，同时向储料斗内吹入干燥空气，防止干粉受潮黏结，由软管螺旋输料器把干粉输送于储料斗。计量下料器以一定的下料速度向水粉混合器内送料，同时吹入压力为 0.2MPa 的空气使干粉分散，清水以一定的速度进入水粉混合器（分散头）与干粉配成混合溶液。

2. 供液螺杆泵

螺杆泵主要是依靠相互啮合螺杆做旋转运动把溶液吸入口输送至排出口的，也就是在螺杆旋转的时候，装在泵套中的螺杆把被输送的液体封闭在啮合腔中，使得液体从吸入口向螺杆轴向作连续和匀速运动，推至排出口。这一操作原理可以看成螺杆和“螺帽”的相对运动。

螺杆泵具有以下优点：

第一，压力和流量稳定、脉动很小，液体在泵内作连续而且匀速的流动，没有搅拌现象；

第二，螺杆泵具有较强的性能，无须装置底阀这样的附属设备；

第三，相互啮合的螺杆磨损非常少，泵的使用寿命很长；

第四，泵的振动极小；

第五，泵可以高速运动，提升注入效率；

第六，泵的结构非常简单，拆装很方便，而且体积小。

聚合物传输工艺中，定子是由橡胶制作而成的，转子是由不锈钢材料制作的，运转的时候对聚合物产生的剪切应力很小。

3. 搅拌器

搅拌器使聚合物能够和水溶液充分混合达到分散的目的。一般来说，搅拌器主要由电动机、减速器、联轴器等组成。具体来说，主要有以下功能：

（1）聚合物的反应过程，增进聚合物的反应速度；

（2）获得均匀稳定的混合液；

（3）混合不容易混合的液体获得乳浊液；

（4）搅动受加热和冷却的液体，强化传热的过程；

（5）加速聚合物的溶解过程。

聚合物驱油过程中，通常使用两种搅拌器，一个是分散装置，另一个是熟化罐，主要目的是加速溶解过程。

4. 过滤器

过滤器是聚合物驱油的关键设备。聚合物母液中总有一定的杂质。如果不过滤，杂质将会进入地层，堵塞岩心，造成注入无法进行，原油无法采出。这样聚合物注入不但不能增油，反而增加了采油工作的难度，严重影响原油产量。因此，聚合物注入过程中，母液必须过滤，使得过大的固体颗粒在注入之前被清除掉。在注入聚合物过程中，尽管有多种过滤器，但是最为常用的是从熟化罐向储存罐专属泵出口过程的精细过滤器。

滤芯部分主要分为袋式和金属网结构两种。其中袋式一般采用聚丙烯纤维材质，金属网结构一般采用不锈钢材质，不管是袋式还是金属网结构，都有内层或外层（有些是内外层都有的）起支撑、保护作用的保护钢网。

5. 注聚泵

注聚泵是聚合物驱油地面系统的重要设备之一。在各种容积式泵中，综合考虑各种因素，柱塞泵是最佳选择。为了最大限度地降低机械剪切，对注聚用柱塞泵的总体要求是冲程要长，冲次要低，尽量不用供液泵（最好自吸上水）。对柱塞泵的液力端也要进行改造，原则是流道通畅，避免锐角。另外，对吸入阀、排出阀的结构和弹簧强度也要进行合理设计。

三柱塞泵主要由两部分组成，即动力端和液力端，结构如图 1–8 所示。

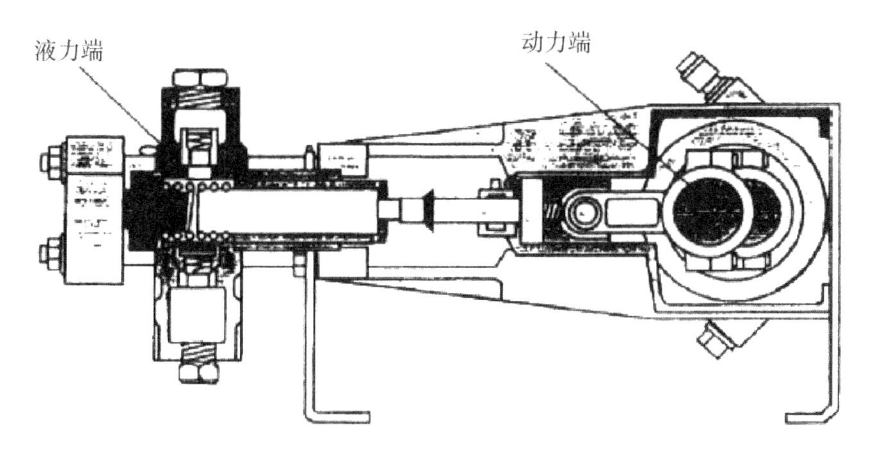

图 1–8　三柱塞泵总体结构

动力端主要是由机体、曲轴（主轴）、连杆、十字头及润滑、冷却等辅助设备所组成。

液力端主要由液缸、柱塞、吸入阀和排出阀、密封填料等组成。影响泵性能的主要因素是液力端。液力端零部件对精度影响较大的是吸入阀、排出阀及柱塞的密封。

6. 静态混合器

静态混合器是相对于动态混合（如搅拌）而提出的。所谓静态混合，就是在管道内放置特别的规则构件，使流过的两种或两种以上流体被不断分割和转向，使之充分混合。因为管道内的构件不运动，所以称为静态混合。这种特制的构件称为静态混合单元，许多单元装在管道内组成静态混合器。

静态混合器大量应用于化工行业，用于聚合物驱油不仅要求静态混合器效果好，而且要求对聚合物的降解要小。

第四节 抗盐聚合物性能评价及应用研究

大庆油田聚合物驱自 1996 年投入工业化应用以来，已经取得了显著的技术经济效果。聚合物驱技术的推广应用对油田开发起到了重要作用，聚驱产油已超过油田总产量的 20%，其控制了含水上升速度，提高了注水利用率，技术经济效果显著。理论研究表明，驱替液黏度越高，其扩大波及体积的能力越强，驱油效果越好。在目前的三次采油技术研究中，为了提高聚合物溶液的体系黏度，降低聚合物的用量，进一步提高聚合物驱采收率，需要寻求具有高效增黏性、抗盐性、稳定性、剪切稀释性和黏弹性等特性的新型聚合物。抗盐聚合物通过在分子主链上引入功能基团，增强分子链的刚性和侧基的空间位阻效应、改变支链的电荷及分布来增加聚合物在高矿化度水溶液中的流体力学尺寸。根据黏均分子量的大小通常又分为两种：超高分子量抗盐聚合物和中低分子量抗盐聚合物。

一、超高分子量抗盐聚合物的性能评价及应用

（一）基本性能

通过 3 种不同聚合物干粉 11 项指标对比可以看出，抗盐聚合物分子量较高，达到 2500 万以上，理化性能与高分子聚合物相当如表 1-1 所示。

表 1-1 南三区西部抗盐聚合物与高分子聚合物理化性能对比

检验项目	分子量（$\times10^4$）	特性黏数（dL/g）	水解度（mol%）	粒度		黏度（MPa·s）	固含量	筛网系数	残余单体	水不溶物	溶解速度
				>1mm	<0.2mm						
炼化抗盐聚合物	2522.03	28.665	24.78	2.13	0.75	42.5	89.03	85.3	0.037	0.175	<2
北京抗盐聚合物	3207.94	33.598	24.01	1.31	3.95	46.7	89.17	75.3	0.023	0.036	<2
高分子聚合物	1684.1	21.96	26.97	1.69	0.45	45	90.58	31.5	0.034	0.032	<2

（二）抗盐性能

室内采用 2# 配制站清水、南二联污水配制北京朝阳抗盐聚合物、大庆炼化抗盐聚合物及炼化高分聚合物溶液，对 3 种聚合物的抗盐性能进行实

验，结果如表 1-2 所示，实验结果表明：

（1）在清水稀释条件下，两种抗盐聚合物同一条件下的黏度值均高于高分子聚合物的黏度值。在浓度为 850mg/L 时，抗盐聚合物黏度值达到 56.9MPa · s，达到现场注入要求，炼化抗盐聚合物黏度略高于北京抗盐聚合物黏度。

（2）在污水稀释条件下表现出较好的抗盐性能。在浓度为 1200mg/L 时，抗盐聚合物黏度值达到 43MPa · s 以上，远高于相同条件下大庆高分子聚合物黏度值。

表 1-2　高分子聚合物和抗盐聚合物黏度对比表

浓度			600	800	850	900	950	1000	1100	1200	1300	1400
黏度（MPa · s）	北京朝阳抗盐聚合物	清配清稀	30.3	48.1	56.9	64.4	73.5	91.9	—	—	—	—
		清配污稀	14.1	22	24.8	26	28	33.1	37.5	43.7	51.2	60.8
	大庆炼化抗盐聚合物	清配清稀	31.6	56.3	67.2	74.3	83.4	94.2	—	—	—	—
		清配污稀	12	21.3	25.1	27.5	30	33.2	39.5	48.2	55.6	64.7
	炼化高分子聚合物溶液	清配清稀	19.8	32.2	37.2	41.5	45.6	53.7	60.9	79.9	—	—
		清配污稀	6.8	11.3	12.1	15.4	18.4	20.9	23.3	26	—	—

（三）黏度稳定性对比

为了模拟聚合物溶液在地层中的工作黏度，室内采用 2# 配制站清水、南二联污水配制北京朝阳抗盐聚合物、大庆炼化抗盐聚合物及炼化高分子聚合物溶液，在静止、剪切、振荡条件下，模拟地层 45℃密闭条件，检测黏度变化，结果如表 1-3 所示。实验结果表明：

（1）在清水稀释和污水稀释条件下，两种抗盐聚合物溶液黏度稳定性均好于大庆炼化高分子聚合物溶液。

（2）模拟井筒炮眼附近高速剪切后，抗盐聚合物的黏损低于高分子聚合物，黏度保留值较高。

（3）模拟地层流动状态下，抗盐聚合物的黏损较小。

（4）对比两种抗盐聚合物黏度稳定性及抗剪切性相当。

表 1–3　抗盐聚合物与高分子聚合物黏度稳定性对比表

聚合物类型	稀释水类型	聚合物浓度（mg/L）	实验条件	不同时间（天）下的黏度（MPa · s）						
				0	3	7	15	20	30	下降幅度（%）
北京抗盐	清水稀释	850	45℃静止	54.9	48	46.1	44.2	43.3	43.1	21.49
			剪切后	16.1	14.3	14.5	13.7	9.5	10.2	36.65
			振荡	54.9	47.2	44.8	42.5	39.2	40.7	25.87
		900	45℃静止	67.8	60.2	54.2	50.7	47.3	48.2	28.91
			剪切后	20	16.2	15.3	13.9	11.3	13.6	32.00
			振荡	67.8	56.9	45.6	43.1	41.8	47.6	29.79
	污水稀释	950	45℃静止	31.4	27.2	26.1	19.1	11.6	12.8	59.24
			剪切后	8	9.1	6	6.6	3.2	5.5	31.25
			振荡	31.4	26	23.4	14.6	8.3	9.5	69.75
		1000	45℃静止	33.7	29.7	29	25.1	21.6	22.3	33.83
			剪切后	7.8	5.6	6.1	6.7	4.1	6.5	16.67
			振荡	33.7	28.9	27.9	25.1	20.8	22.1	34.42
炼化抗盐	清水稀释	850	45℃静止	57	46.8	47.9	46.8	43.2	45.8	19.65
			剪切后	24.1	15.4	17.1	15.9	13.6	14.8	38.59
			振荡	57	46.1	43.3	40.4	39.3	40.7	28.60

续表

聚合物类型	稀释水类型	聚合物浓度（mg/L）	实验条件	不同时间（天）下的黏度（MPa·s）						
				0	3	7	15	20	30	下降幅度（%）
炼化抗盐	清水稀释	900	45℃静止	61.9	55.1	55.6	54.4	51.8	51.1	17.45
			剪切后	28.9	20.1	18.3	17	14	14.8	48.79
			振荡	61.9	55	63.4	61	55.5	57.7	6.79
	污水稀释	950	45℃静止	35.4	32.2	30.2	26.2	19.1	19.6	44.63
			剪切后	8.5	6.4	7.4	6.6	4.6	5.9	30.59
			振荡	35.4	32.6	31.1	27.2	21.8	21.9	38.14
		1000	45℃静止	36.5	32.9	31.4	29.9	23.1	23.9	34.52
			剪切后	8.3	6.1	6.6	7.5	5.8	7.1	14.46
			振荡	36.5	32.4	31.9	27.6	24.8	26	28.77
炼化高分子	清水稀释	1000	45℃静止	48.5	41.4	38.3	37.3	32.6	35.7	26.39
			剪切后	29.8	22.4	22.1	20.3	15.3	16.6	44.30
			振荡	48.5	39.5	35.2	34.7	30.9	32.1	33.81
	污水稀释	1000	45℃静止	20.8	17.1	15.4	13.5	10	12.6	39.42
			剪切后	6.5	4.1	4.7	5.7	2.4	4.3	33.85
			振荡	20.8	16.6	15.5	14	10.2	12.6	39.42

（四）驱油性能对比

用产出污水配制浓度为1000mg/L超高分子量抗盐聚合物溶液，在变异系数为0.72的非均质岩心上进行驱油实验，其采收率比水驱提高了12.1%，超过了清水配制相同浓度的中分子量聚合物溶液的驱油效果，如表1–4所示，表明可以利用油田产出污水配制超高分子量抗盐聚合物，并取得较好的增油降水效果。

表1–4　岩心聚合物驱油实验数据对比表

驱替类型	聚合物浓度（mg/L）	体系黏度（MPa·s）	注入PV数	聚合物用量（mg/L·PV）	采收率		
					水驱	聚驱	提高采收率
清水中分	1000	24.6	0.38	380	41.4	52.2	10.8
污水中分	1000	15.3	0.38	380	41.2	50.5	9.3
污水抗盐	1000	25.8	0.38	380	41.8	53.9	12.1
污水抗盐	1100	31.1	0.38	418	41.3	54.3	13

综合分析以上实验结果，污水稀释抗盐聚合物具有以下优势：

（1）抗盐聚合物在污水条件下，具有较好的抗盐性能、抗剪切性及黏度稳定性，可以更好地利用污水，解决污水外排问题。

（2）在驱油效果相当情况下，污水稀释的抗盐聚合物黏度较低，与高分子聚合物对比在地面上更易注入。因此更适合地下污水环境下的工作黏度，提高驱油效果。

（五）分析现场实际问题，及时调整，确保聚合物顺利注入

目前，在南三区西部开展了清水配制超高分子量抗盐聚合物的试注工作，努力降低聚驱成本。

在投注抗盐聚合物之前，根据室内研究结果，确定熟化时间为3h，如图1–9所示。

在现场配制过程中，发现聚合物母液混合不均匀产生“鱼眼”现象，分析认为是由于现场熟化时间相对较短，使混合不均匀。4月跟踪2#配制站熟化罐不同熟化时间的聚合物溶液，对熟化时间进行调整，由原来的3h调整为4h，如图1–10所示。

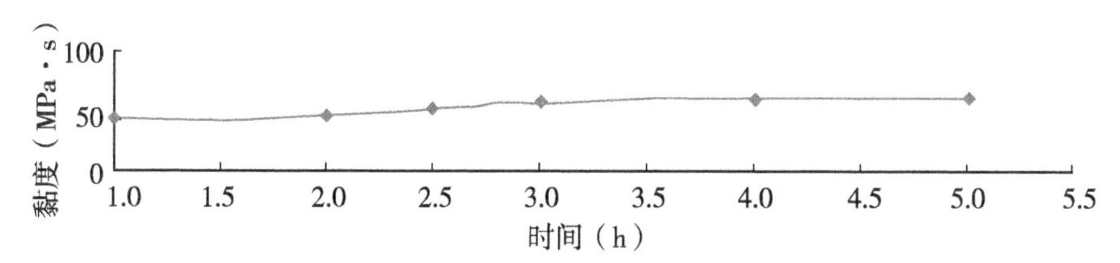

图 1–9　室内研究确定熟化时间—黏度的关系

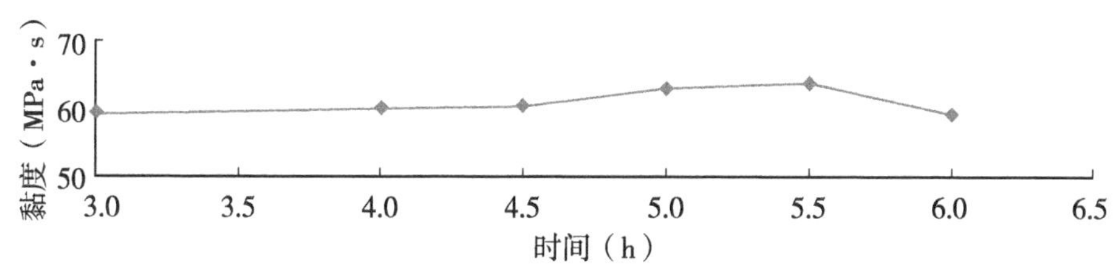

图 1–10　现场配制中熟化时间—黏度的关系

抗盐聚合物注入过程中，在注入站汇管中发现有大量小气泡，有气蚀现象，导致注入泵泵效降低。为此展开气泡对抗盐聚合物黏度影响的研究，如表 1–5 所示。结果表明：

（1）抗盐聚合物产生的气泡数量远远大于高分子聚合物。

（2）在静止、搅拌、密闭状态下气泡对黏度的影响不大。

（3）在密闭状态下抗盐聚合物溶液中的气泡是一个持续增加的过程。

为分析气泡产生原因，对比抗盐聚合物和高分子聚合物产生的界面张力值，如表 1–6 所示。实验结果表明，抗盐聚合物产生的界面张力与高分子聚合物产生的界面张力相当，均在 0.8mN/m 左右。

（六）动态反应特点

2003 年 3 月，南三西 1# 和 2# 注入站投注抗盐聚合物，4 月 1# 注入站改注高分子聚合物，2#、3# 和 4# 注入站改注抗盐聚合物。2#、3# 和 4# 注入站与注抗盐聚合物前对比，注抗盐聚合物后注入压力上升，含水下降，日注入量增加 288m^3，压力上升了 0.67MPa。由于油层发育状况略差，与 1# 注入站同期对比，压力升幅下降 6.74 个百分点，如表 1–7 所示。

对比注入抗盐聚合物之后连通采出井生产情况，2#、3#、4# 注入站连通采出井含水下降 9.2 个百分点，1# 注入站连通采出井含水下降 7.0 个百分点，抗盐井区采出井较高分井区采出井含水下降幅度高出 2.07 个百分点。由于抗盐聚合物仅注 3 个月，效果有待进一步观察，如表 1–8 所示。

表 1–5　抗盐聚合物与高分子聚合物气泡与黏度的关系

放置时间（h）			0	0.5	2.5	3.5	4.5	5.5	6.5	24
抗盐聚合物黏度（MPa·s）	敞口	静止	无	少量小气泡	大量小气泡	气泡减少	气泡减少	微量小气泡	气泡减少	无
			42.7	42.9	42.6	41.5	42.2	42	42.8	43.6
		搅拌	无	少量小气泡	少量小气泡	气泡减少	气泡增加	气泡减少	微小气泡	无
			42.7	41.5	41.7	41.1	40.7	41.2	41.5	41
	密封	静止	无	大量小气泡	气泡增加	气泡增加	气泡增加	气泡增加	气泡增加	气泡增加
			42.7	42.4	43	42.9	44.6	44.9	47.1	45.7
		搅拌	无	少量小气泡	气泡增加	气泡增加	无变化	无变化	无变化	无变化
			42.7	40.3	42.3	43.9	42.1	44.2	46.6	43.2
高分子聚合物黏度（MPa·s）	敞口	静止	无	少量小气泡	气泡减少	气泡减少	气泡减少	气泡减少	无	无
			40.6	40.9	40.5	40.2	39.5	39.6	42.9	40
		搅拌	无	少量小气泡	少量小气泡	气泡减少	增加少量气泡	气泡减少	无	无
			40.6	40	39.7	40.4	41	41.4	41.4	39.7
	密封	静止	无	微量小气泡	少量小气泡	少量小气泡	少量小气泡	少量小气泡	少量小气泡	少量小气泡
			40.6	41.3	42.4	42	44.8	46	45.3	46.2
		搅拌	无	少量小气泡	气泡增加	无变化	无变化	无变化	无变化	无变化
			40.6	39.9	41.1	43.3	44.6	44.9	44.9	45.1

表 1–6　抗盐聚合物与高分子聚合物界面张力对比表

聚合物和配制水	抗盐聚合物（850mg/L）		高分子聚合物（1000mg/L）	
	清配清稀	清配污稀	清配清稀	清配污稀
界面张力（$\times 10^{-1}$mN/m）	8.85	8.6	8.19	7.96

表 1–7　南三区西部抗盐聚合物与高分子聚合物注入形式对比

项目	高分子聚合物（1#）						抗盐聚合物（2#、3#、4#）					
时间	有效厚度（m）	河道砂钻遇率（%）	有效渗透率（$\times 10^4\mu m^2$）	注入压力（MPa）	日注入量（m^3）	井口黏度（MPa·s）	有效厚度（m）	河道砂钻遇率（%）	有效渗透率（$\times 10^4\mu m^2$）	注入压力（MPa）	日注入量（m^3）	井口黏度（MPa·s）
2002.12	12.3	43.1	620	7.55	3582	51.3	12.3	37	557	8.22	7689	51.8
2003.1				8.2	3576	52				8.8	7714	51.5
2003.2				8.45	3529	39.5				9	7720	45
2003.3				8.63	3408	41.3				9.1	6982	49
2003.4				8.93	3449	54.8				9.1	6302	46.9
2003.5				9.23	3698	50.1				9.44	6676	48.9
2003.6				9.85	3687	48.5				9.77	7270	50.6
抗盐前后对比				1.22	279	7.2				0.67	288	1.6

表 1-8　南三区西部采出井生产情况对比

项目	高分子聚合物（1#）连通采出井			抗盐聚合物（2#、3#、4#）连通采出井			差值		
时间	单井日产液（t）	单井日产油（t）	含水（%）	单井日产液（t）	单井日产油（t）	含水（%）	单井日产液（t）	单井日产油（t）	含水（%）
2003.1	135	17	87.6	141	16	88.5	6	−1	0.9
2003.2	135	19	85.8	148	20	86.3	13	1	0.5
2003.3	108	19	82.6	120	15	87.3	13	−4	4.7
2003.4	141	26	81.8	149	22	85.3	8	−4	3.5
2003.5	100	22	78.1	116	21	82.0	16	−1	3.9
2003.6	127	31	75.6	121	27	78.1	−6	−4	2.5
抗盐前后差值	19	12	−7.0	1	12	−9.2	−19	0	−2.2

二、中分子量抗盐聚合物性能评价

TS-45 中分抗盐聚合物具有较好的理化性能，可适合二类油层，利用污水配制注入。利用南三区中块使用的清水和污水配制 TS-45 抗盐聚合物，经室内评价，初步得出以下认识。

（一）具有较好的理化性能指标

通过对比中分子量抗盐聚合物和中分子聚丙烯酰胺的 11 项理化性能指标，中分子量抗盐聚合物在分子量相对较低的情况下表现出明显的黏度优势。

（二）具有较好的抗盐性能

室内采用 1# 配制站清水、聚南Ⅱ-1 常规污水及含聚污水配制大庆炼化抗盐聚合物及 TS-45 中分抗盐聚合物溶液，对两种聚合物的抗盐性能进行实验，结果如表 1-9 所示，结果表明，①污水条件下 TS-45 聚合物溶液的黏度值与中分子聚丙烯酰胺清水配制清水稀释的黏度相当，说明 TS-45 聚合物具有较好的抗盐性。②无论清水配制还是污水配制，TS-45 聚合物溶液黏度值相差不大。③常规污水配制和含聚污水配制 TS-45 聚合物溶液黏度相当，根据地面工艺情况，建议使用常规污水配制。

表 1–9　中分抗盐浓黏曲线

浓度（mg/L）		200	400	600	800	1000
黏度（MPa·s）	清配污 1 稀	2.9	5.3	10.1	22.8	48.2
	污 1 配污 1 稀	3	5.6	12.1	23.8	50.5
	清配污 2 稀	2.8	4.1	8.5	17.1	33.7
	污 2 配污 2 稀	3.1	4.3	8.7	19.2	35.9
	中分清配清稀	5.5	11.5	21.4	35.3	44.3
备注		清水为 1 号配制站清水，污水 1 为常规污水，污水 2 为含聚污水，中分为炼化中分聚合物				

（三）具有较好的稳定性能

室内采用 1# 配制站清水、聚南Ⅱ–1 常规污水配制 TS–45 聚合物母液及目的溶液，分别在静止、剪切条件下，模拟地层 45℃密闭条件，检测黏度变化，结果如表 1–10 所示。实验结果表明，TS–45 聚合物溶液放置 30 天，黏度没有明显下降，其中污水配制污水稀释的母液样品放置 30 天黏度上升到 51.5 MPa·s，体现出较好的稳定性能，初步认为现场配制该聚合物可使用污水。

表 1–10　中分抗盐母液及目的液剪切后稳定性

放置时间（天）		0	1	3	7	10	20	30	下降幅度（%）
黏度（MPa·s）	清配污稀	6.4	6.8	6.1	6.1	5.1	6.3	4.5	29.69
	污配污稀	5.3	7.7	4.6	4.7	3.9	4.3	1.7	67.92
	清配污稀（母液）	39.2	39.8	40.2	35.2	34.1	35.4	35.2	10.20
	污配污稀（母液）	37.3	35.5	37.4	32.1	33.2	46.8	51.5	–38.07

第二章　油田污水处理技术

石油能够正常销售之前必须通过采集、运移和储运的过程。而在采集的时候，石油的天然伴生物是水。在油田勘探开发的最初阶段，地底蕴藏的能量通常可以把石油、天然气、水等液体驱向井底，并举升到地面。这个过程称为第一次采油。一次采油的含水率非常低，但也很难长时间维持下去。原始地层蕴藏的能量是有限的，不能长期向地上输送油水汽。为了获得较高的采收率，必须向地层补充能量，开始二次采油。二次采油的方式有两种：一种是注水开发；另一种是注气开发。当前全国大部分油田采用的都是注水开发方式，也就是注入高压水驱动原油从油井中开采出来。但是经过一段时间后，开采原油的含水率不断上升，因为注入水也将随着原油被带出来。油田原油在向外输出或者外运之前必须脱水，达到含水率在 0.5% 以下的合格水平。脱水的主要污染物是原油，又是在油田开发过程中产生的，因此，这一污水被称为含油污水。污水的主要来源是二次甚至三次采油过程中的原油脱水站，以及站内的各种罐底水。含油污水的来源还有对注水井的水洗作业。水洗作业的目的主要是保护井下管柱，减少油区环境污染。大部分水洗作业的污水都将回收进污水处理站。因此，随着人们对环境保护的重视，国家对石油行业的要求越来越严格，要求将钻井污水和井下作业水全部回收处理，减少采油区的环境污染。

第一节　油田污水处理的意义

一、处理利用的重要性

对于采油区来说，含油污水的处理不仅为了保护环境，而且为了保障采油区正常运行。含油污水如果得不到及时处理，那么在回注过程中会堵塞底层，带来严重危害，对采油区的安全生产产生严重影响。

对于油田来说，注水开发进行油田生产受两个因素的影响，一个是水源问题，油田开发过程中，人们希望得到大量且稳定的水源。油田开发初期注入的水源通常是浅层地下水或者地表水。如果人们过量开采浅层地下水，会导致浅层地下水下降，对生态环境造成恶劣影响。另一个是原有含水量不断上升，使得含油污水量不断上升，污水排放和处理成为一个大问题。大量含油污水不合理排放更会对环境造成严重污染。在生产活动中，人们认识到油田污水处理的重要性，必须对油田污水进行处理，然后回注循环开采原油。

二、腐蚀防护与环境保护

水是金属腐蚀、细菌滋生的重要环境因素。水对金属设备和管道产生了严重的腐蚀作用。油田含油污水由于矿化程度较高，还溶解了一些其他气体，在回注过程中，肯定会对地层下的设施以及注水系统产生腐蚀作用。例如，油田中的钢制污水回注管线腐蚀穿孔 123 次，注水泵在这类水下每 6~15 天就要修理，钢制材料腐蚀深度达到 4mm。因此，在复杂的油田污水水质下，污水中大量成垢盐类会因为温度的不同在管道内结垢和堵塞，甚至造成被迫关井。

污水中还有大量的有机物质，在适宜的温度环境下，有害细菌大量滋生，给油田开采工作带来新的困难。例如，南方一个油田的水泵因为细菌大量生长，泵吸入口的滤网甚至产生了黏膜，使注水开采产生了黏膜。再如，某一油田污水中硫酸盐含有大量还原菌，细菌的大量滋生严重阻碍了油田污水处理和注水系统的正常生产。

因此，我国油田非常重视污水的处理。各个陆上的油田基本上都要进行污水处理，最大限度地减少污水外排，达到保护环境的目的。针对油田污水的腐蚀，油田也必须采取有力的措施进行缓蚀、阻垢和杀菌，不断提高油田污水的处理技术，预防金属设备、管道和注水系统产生腐蚀，提高油田的采收效率。

三、合理利用污水资源

现代工业的发展对水的要求越来越高。生活用水和工业用水量猛增。不少国家为水资源的短缺大伤脑筋。水资源是可以循环利用的。解决水资源问题的唯一方法就是提高水资源循环利用的效率。石油行业在采取注水开发油田的办法以后，随着开采时间的延长，油田污水量将不断增加。如果污水处理回注率能够达到 100%，那么不管原油含水率多高，从油层中采出的污水都将被全部回注。注水量只需要补充采油造成的地层水资源亏空即可。这样，不仅可以节省大量的清水资源和取水费用，而且可以保护生态环境，为国民经济的总体发展带来福祉。

第二节　油田污水的水质标准

一、油田开发对注水水质的要求

（一）油田开发对注水水质的要求

目前，我国陆上油田开采的主要方式是注水开发。油田通过向地层注水弥补采油造成的地下亏空，同时达到驱油的目的。正如前文所述，一次采油主要依靠地壳自身的能量。在这个阶段完成之后，必须通过为地壳补充能量驱动原油产出。这必须依靠人工能量介质向油层中注入，也就是实施注水。油田注水的对象主要是依靠致密岩石组成的油层。要保证一定的注水水质，人们的预期才能实现。

（二）油层条件对注水水质的要求

当前，我国陆上油田开发的低渗透油藏在35%左右，每年新探明的石油地质储量中低渗透油层开发的比重越来越大。这些低渗透油田的孔喉半径为2~4μm。这对于污水处理来说必须达到低渗透油田的要求，将水渗透至油藏之中，驱动采油，提高采油效率。

二、净化污水回注水质标准

（一）注水水质的基本要求

注水的水质必须根据注入层物性指标的要求选定。一般来说，在运行条件下，污水不应结垢，注入污水对水处理设备、注水设备、输水管线的腐蚀要小。注入的水不应携带超标悬浮物、有机物和油。注入水以后，黏土不能发生膨胀和移动，与油层的配伍性良好。

如果油田污水和其他类型的水混注地下，必须具备完全的可能性，否则进行必要的处理。考虑到油藏孔隙结构和孔喉直径，必须严格限制水中固体颗粒的直径。

（二）注水水质标准

由于各个油田地层的条件不同，注水的水质标准也不尽相同。全国各个油田都制定了本油田的注水水质标准，尽管不同油田的差异很大，但是基本都符合注水水质的要求。

（三）注水水质辅助性指标

除了“（一）注水水质的基本要求”中注水水质的主要控制指标外，注水水质还有一些辅助性指标，主要包括溶解氧、硫化物、侵蚀性二氧化碳、pH 值、铁离子等。

1. 溶解氧

水中的溶解氧是氧化还原反应的一个因素。因此，在油田水资源腐蚀率不达标的时候，必须对回注水的溶解氧浓度进行检测。油田污水中溶解氧的浓度应小于 0.05mg/L，特殊情况下不超过 0.1mg/L。清水中的溶解氧含量要小于 0.50mg/L。

2. 硫化物

如果原油中不含硫化物，却发现污水处理和注水系统中硫化物的含量不断增加，这说明系统有严重细菌滋生。硫化物含量过高的污水，则会引起水中悬浮物不断增加，通常清水中不应含有硫化物，硫化物含量应该低于 2.0mg/L。

3. 侵蚀性二氧化碳

侵蚀性二氧化碳容易滋生碳酸盐类结垢，对设施产生一定的腐蚀作用。因此，一般情况下应要求侵蚀性二氧化碳的含量等于零，这样系统是稳定的。在检测的时候，侵蚀性二氧化碳含量应为 –1.0~1.0mg/L。

4. pH 值

水中的 pH 值应该控制在 7 ± 0.5。

5. 铁离子

铁离子不仅会造成一些氧化还原反应，还会形成沉淀，阻塞孔径和管线。因此，在检测辅助指标的时候应严格控制铁离子的含量，达到降低水中悬浮物的目的。

三、污水综合排放标准

（一）概要

水是生命之源。保护水资源、控制水污染，是保障人民群众身体健康，维护社会生态平衡的一个基本要求。中华人民共和国生态环境部几经修订《污水综合排放标准》，消灭劣五类水，不断提升我国水资源保护水平。

（二）主要技术内容

最新的综合污水保护标准是从 2007 开始实施的 GB 20425—2006，这个标准分年限规定了 69 种污水的最高允许排放浓度以及部分行业的最高允许排水量。

GB 20425—2006 适用于现在排污单位的水污染物排放管理，以及建设项目的环境评价和建设项目环境保护的施工设计以及投产后的排放管理。

GB 20425—2006 的主要概念如下：

污水——在生产和生活中排放的不能饮用水的总称；

排水量——在生产过程中直接用于工业生产的水的排放量，不包括间接冷却水、厂区锅炉排水；

一切排污单位——指该标准适用范围包含的一切排污单位；

其他排污单位——指限制的特殊排污单位。

（三）主要控制指标

GB 20425—2006 按照污染物的性质和控制方式把水污染物划分为两种类型。第一类如表 2-1 所示，部分行业和污染排放的方式，也不分受纳水体功能分类，一律采取排放口取样，最高允许的排放浓度必须达到表 2-1 的要求。

表 2-1　第一类污染物最高允许排放浓度

序号	污染物	最高允许排放浓度（mg/L）	序号	污染物	最高允许排放浓度（mg/L）
1	总汞	0.05	8	总镍	1.0
2	烷基汞	不得检出	9	苯并（a）芘	0.00003
3	总镉	0.1	10	总铍	0.005
4	总铬	1.5	11	总银	0.5
5	六价铬	0.5	12	总 α 放射性	1
6	总砷	0.5	13	总 β 放射性	10
7	总铅	1.0			

对于第二类污染物，应在排放口采样，按照工程建设的年限必须达到相应的要求。这类污染物的控制指标主要有：pH 值、色度、悬浮物、BOD5、COD、石油类、动植物油、挥发酚、总氰化物、硫化物、氨氮、氟

化物、磷酸盐、甲醛、苯胺类、硝基苯类、阴离子表面活性剂、总铜、总锌、总锰、彩色显影剂、粪大肠菌群数、总余氯等50余项。GB 20425—2006要求最高允许排放浓度必须达到表2-2的要求。

表2-2 第二类污染物最高允许排放浓度(mg/L)

序号	污染物	适应范围	一级标准	二级标准	三级标准
1	pH值	一切排污单位	6~9	6~9	6~9
2	色度(稀释倍数)	染料工业	50	180	—
		其他排污单位	50	80	—
3	悬浮物(SS)	采矿、选矿、选煤工业	100	300	—
		脉金选矿	100	500	—
		边远地区砂金选矿	100	800	—
		城镇二级污水处理厂	20	30	—
		其他排污单位	70	200	400
4	五日生化需氧量(BOD5)	甘蔗制糖、苎麻脱胶、湿法纤维板工业	30	100	600
		甜菜制糖、酒精、味精、皮革、化纤浆粕工业	30	150	600
		城镇二级污水处理厂	20	30	—
		其他排污单位	30	60	300
5	化学需氧量(COD)	甜菜制糖、焦化、合成脂肪酸、湿法纤维板、染料等	100	200	1000
		味精、酒精、医药原料药、生物制药、苎麻脱胶等	100	300	1000
		石油化工工业(包括石油炼制)	100	150	500
		城镇二级污水处理厂	60	120	—
		其他排污单位	100	150	500
6	石油类	一切排污单位	10	10	30
7	动植物油	一切排污单位	20	20	100

续表

序号	污染物	适应范围	一级标准	二级标准	三级标准
8	挥发酚	一切排污单位	0.5	0.5	2.0
9	总氰化物	电影洗片（铁氰化合物）	0.5	5.0	5.0
		其他排污单位	0.5	0.5	1.0
10	硫化物	一切排污单位	1.0	1.0	2.0
11	氨氮	医药原料药、染料、石油化工工业	15	50	—
		其他排污单位	15	25	—
12	氟化物	黄磷工业	10	20	20
		低氟地区（水体含氟量 <0.5mg/L）	10	20	30
		其他排污单位	10	10	20
13	磷酸盐（以 P 计）	一切排污单位	0.5	1.0	—
14	甲醛	一切排污单位	1.0	2.0	5.0
15	苯胺类	一切排污单位	1.0	2.0	5.0
16	硝基苯类	一切排污单位	2.0	3.0	5.0
17	阴离子表面活性剂（LAS）	合成洗涤剂工业	5.0	15	20
		其他排污单位	5.0	10	20
18	总铜	一切排污单位	0.5	1.0	2.0
19	总锌	一切排污单位	2.0	5.0	5.0
20	总锰	合成脂肪酸工业	2.0	5.0	5.0
		其他排污单位	2.0	2.0	5.0
21	彩色显影剂	电影洗片	2.0	3.0	5.0
22	显影剂及氧化物总量	电影洗片	3.0	6.0	6.0
23	元素磷	一切排污单位	0.1	0.3	0.3
24	有机磷农药（以 P 计）	一切排污单位	不得检出	0.5	0.5

续表

序号	污染物	适应范围	一级标准	二级标准	三级标准
25	粪大肠菌群数	医院、兽医院及医疗机构含病原体污水	500 个 /L	1000 个 /L	5000 个 /L
		传染病、结核病医院污水	100 个 /L	500 个 /L	1000 个 /L
26	总余氯（采用氯消毒液消毒的医院污水）	医院、兽医院及医疗机构含病原体污水	<0.5	>3（接触时间 ≥ 1h）	>2（接触时间 ≥ 1h）
		传染病、结核病医院污水	<0.5	>6.5（接触时间 ≥ 1.5h）	>5（接触时间 ≥ 1.5h）

（四）主要分析检测方法

采样点应该按照有关规定设置，在排放口必须设置排放口标志、污水的计量装置和污水比例采样装置。采样点的工业污水必须按照生产周期确定检测频率。生产周期在 8h 以内的，应每 24h 采样一次，其他的 24h 不少于两次。最高允许排放浓度应按照日均产值计算。排水量则应按照最高允许排水量和最低允许水重复利用率控制，以月均值计算。企业的原材料使用应以月报表和年报表为准。具体测定方案按照表 2–3 的要求进行。

表 2–3　水质主要测定方法

序号	项目	测定方法	方法来源
1	总汞	冷原子吸收光度法	GB 7468—1987
2	烷基汞	气相色谱法	GB/T 14204—1993
3	总镉	原子吸收分光光度法	GB 7475—1987
4	总铬	高锰酸钾氧化—二苯碳酰二肼分光光度法	GB 7466—1987
5	六价铬	二苯碳酰二肼分光光度法	GB 7467—1987
6	总砷	二乙基二硫代氨基甲酸银分光光度法	GB 7485—1987
7	总铅	原子吸收分光光度法	GB 7475—1987

续表

序号	项目	测定方法	方法来源
8	总镍	火焰原子吸收分光光度法	GB 11912—1989
9	总银	火焰原子吸收分光光度法	GB 11907—1989
10	pH 值	玻璃电极法	GB 6920—1986
11	色度	稀释倍数法	GB 11903—1989
12	悬浮物	重量法	GB 11901—1989
13	生化需氧量（BOD5）	稀释与接种法	GB 7488—1987
14	化学需氧量（COD）	重铬酸钾法	GB 11914—1989
15	石油类	红外光度法	GB/T 16488—1996
16	动植物油	红外光度法	GB/T 16488—1996
17	挥发酚	蒸馏后用 4-氨基安替比林分光光度法	GB 7490—1987
18	总氰化物	硝酸银滴定法	GB 7486—1987
19	硫化物	亚甲基蓝分光光度法	GB/T 16489—1996
20	氨氮	纳氏试剂比色法	GB 7478—1987
21	氟化物	离子选择电极法	GB 7484—1987
22	磷酸盐	钼蓝比色法	*
23	甲醛	乙酰丙酮分光光度法	GB 13197—1991
24	苯胺类	*N*-（1-萘基）乙二胺偶氮分光光度法	GB 11889—1989
25	硝基苯类	还原—偶氮比色法或分光光度法	*
26	阴离子表面活性剂	亚甲基蓝分光光度法	GB 7494—1987
27	总铜	原子吸收分光光度法	GB 7475—1987
28	总锌	原子吸收分光光度法	GB 7475—1987
29	总锰	火焰原子吸收分光光度法 高锰酸钾分光光度法	GB 11911—1989 GB 11906—1989

续表

序号	项目	测定方法	方法来源
30	三氯甲烷	气相色谱法	待颁布
31	四氯化碳	气相色谱法	待颁布
32	苯酚	气相色谱法	待颁布
33	余气量	*N*，*N*–二乙基 –1，4–苯二胺分光光度法	GB 11898—1989
34	总有机碳（TOC）	非色散红外吸收法	待制定

第三节　油田污水除油处理工艺

一、自然除油

（一）基本原理

自然除油是一种物理除油方法，是利用水和油的密度差进行分离的技术。自然除油方法处理含有污水，利用油和水的密度差，油自然上浮，油水自然分离，之后在污水中除油。

这种方法的成本较低，但是忽略了配水口水流的不均匀性以及油中颗粒物的絮凝等影响因素，没有考虑到实践过程的复杂性。通常会假定水断面各点的水流速度相等，而且油珠的水平分速度和水流速度相等。油珠颗粒自然等速上浮，至水面被去除。

在重力分离池中，含油污水的分离效率如下式所示：

$$E = \frac{u}{Q / A}$$

式中：E——油珠颗粒的分离效率；

u——油珠颗粒的上浮速度；

Q / A——表面负荷率；

Q——处理流量；

A——除油设备水平工作面积。

在这里，油珠的分离效率是以大于浮升速度 u 的油珠颗粒去除率来表示的，也就是除油效率。油珠的表面符合率 Q/A 是一个重要的参数。在除油设备通过的流量 Q 一定的时候，加大油珠的表面积 A，就可以减小油

珠颗粒上浮速度 u。这就意味着有更小直径的油珠颗粒被分离出来。因此，加大表面积 A，可以提高除油效率。

浮升速度 u 可用斯托克斯公式计算：

$$u = \frac{g}{18\mu}(\rho_w - \rho_0) d_\rho^2$$

式中：u——油珠颗粒的浮升速度，m/s；

g——重力加速度，m/s^2；

μ——污水的动力黏度，Pa · s；

ρ_w——污水的密度，kg/m^3；

ρ_0——油的密度，kg/m^3；

d_ρ——油珠颗粒直径，m。

从上述斯托克斯公式可以看到，如果污水中的油珠颗粒直径、污水密度、油的密度和水温一定，油珠颗粒的浮升速度也是一个确定值。除油效率和油珠颗粒的浮升速度成正比，与表面负荷率成反比。

（二）装置结构

一般来说，自然除油设施具备调储的功能，这种装置的除油效率不高。通常工艺结构采用下向流的装置，如图 2-1 所示。这个装置的上部设

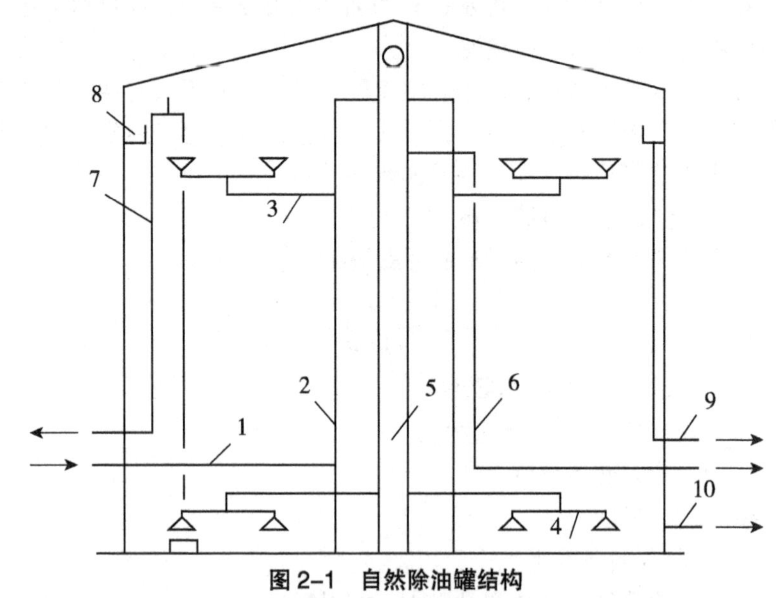

图 2-1　自然除油罐结构

1—进水管；2—中心反应管；3—配水管；4—集水管；5—中心助管；6—出水管；7—溢流管；8—集油槽；9—出油管；10—排污管

置收油构件，中上部则设置配水构件，中下部设置集水构件，底部设置排污构件。

二、斜板（管）除油罐

（一）除油原理

这是实践中使用最为广泛的一种除油方法。这个方法同样属于物理除油的范畴。斜板（管）除油的基本原理是“浅层沉淀”，又称“浅池理论”。通俗来说，如果将水深设定为 H，除油设备分割为 n 个分离池，当分离池的长度为分离区的 $1/n$ 时，便可以处理和原来分离区同样的水量，从而达到完全的效果。为了使浮生的斜板油珠便于流动和排除，通常把这些浅的分离池倾斜为一定角度，超过污油流动的休止角。这就形成了一个斜板（管）除油罐。

假设原有除油设备的高度是 H，油珠颗粒的分离时间为 t，则表面负荷率可表示为 $Q/A = H/t$，将其代入分离效率公式，可得：

$$E=\frac{u}{Q/A}=\frac{u}{H/t}=\frac{ut}{H}$$

从以上公式可以看到，重力分离除油设备的除油效率是分离高度的函数，如果减小设备的分离高度，则能够提高除油效率。对于不同类型的除油设备来说，分离高度越小，油珠颗粒上浮到表面需要的时间就越短。因此，在除油设备中增加分离斜板，能够起到增加分离设备工作表面积的作用，而缩小分离高度就能提高油珠颗粒的除油效率。

从理论上看，增加斜板的角度除油效率的倍数相当于斜板总水平面积比不加斜板面积增加的倍数。当然在实践中必须考虑到多种复杂的因素，不可能达到理想倍数。在实践中斜板的布置和进出水流的速度、大小以及板间流动形态的干扰都会产生影响。斜板的存在增大了湿周，缩小了水力半径，因此雷诺系数较小，创造了层流条件，同时弗罗·德数较大，更有利于油水的分离。这就是斜板除油被众多油田选择的原因。

斜板除油装置可以划分为立式和平流式两种类型，例如立式斜板除油罐和平流式斜板除油罐。在油田上，实践中常用斜板除油罐和平流式斜板除油罐。

（二）相关数据计算

（1）油珠上浮速度 V_0 的确定。V_0 与表面负荷 $S_t = Q/A$ 均为板组计算的重要参数，V_0 可以通过斯托克斯公式求得。表面负荷可以从隔油池运行中测得，无实测资料时可取 0.15~0.4mm/s。表面负荷是隔油池实际运行参数，它考虑了斜板隔油池工作效率。S_t的缺点在于没有去除油珠最小粒径概念。

（2）斜板层流起始段计算。斜板计算长度是在理想状态下求得的，实际上，当水流刚进入斜板时并不是层流，此时水流紊乱，严重影响油水分离效果。水流进入斜板在形成层流之前的一段称层流起始段，此后形成层流并进入分离段，在确定斜板长度时，应在分离段前另加层流起始段长度。

有关层流起始段长度计算，对于斜板隔油池，据文献介绍可用下式计算：

$$L_0 = 0.052d \cdot Re$$

式中：L_0——层流起始段长度，cm；

d——斜板板距，cm；

Re——雷诺数。

从式中可知，当板距与雷诺数增大时，起始段增加；当板距为 20~50mm 时，层流起始段计算值有时很长。计算时可取 200~400mm，即认为此时水流已基本稳定。起始段长度也可从实验室中测得，计算层流起始段时，Re尚未最后确定，故应先做假定，必要时进行二次计算，修正板长。

（3）板长计算。斜板设计长度应为层流起始段长度与计算板长之和，即：

$$L = L_c + L_0$$

$$L_c = \frac{Vd}{V_0\cos\alpha} - \frac{d\sin\alpha}{\cos\alpha} = \frac{Vd}{V_0\cos\alpha} - \frac{d}{\sin\alpha\cos\alpha} + \frac{d}{\tan\alpha}$$

式中：V——过水断面平均流速；

V_0——油珠上浮速度；

d——板距；

α——斜板倾斜角度。

（4）板组面积与板组尺寸的确定。设斜板长为 L，宽为 B，间距为增加表面积与刚度采用波纹板，板组斜角为 α，水出流量为 Q，斜板块数为 n，则 V 的理论值为：

$$V = \frac{Q}{nBd}$$

$$V_0 = \frac{Vd}{L\cos\alpha + d/\sin\alpha}$$

式中：$L\cos\alpha$——斜板水平投影长度；

$d/\sin\alpha$——斜板水平距。

上两式结合得：

$$V_0=\frac{Q}{nBL\cos\alpha+nBd/\sin\alpha}$$

式中：$nBL\cos\alpha$——斜板组水平投影面积（A）；

$nBd/\sin\alpha$——斜板组水平距总面积（A_1）。

则

$$\sum A=A+A_1=\frac{Q}{EV_0}=\frac{Q}{S_t}$$

式中：E——斜板隔油池工作效率，75%~85%。

因Q、E、V_0或S_t已知，则$\sum A$可解。

（5）雷诺数和费罗德数计算。隔油池的水力计算均以理想流体为基础，则含油污水在层流状态运行，为此应降低雷诺数Re；为保持水流的稳定性水体应有一定能量以防干扰；这样就需增大费罗德数Fr，从而提高水流稳定性，Re与Fr计算如下：

$$Re=\frac{VF}{\mu x}$$

式中：F——过水断面积（横断面积）；

μ——水的运动黏滞系数；

x——湿周；

V——板间轴向流速。

$$Fr=\frac{V^2x}{Fg}$$

式中：g——重力加速度。

只有增大湿周才能降低Re，同时增大Fr，因此斜板板组做成各种波纹板，其目的在于增加湿周x。通常将Re限制在500之内，而将Fr限制在10^{-5}之外。

（三）斜板除油装置

立式斜板除油罐的基本形态与结构和普通立式除油罐基本相同，区别在于立式斜板除油罐与普通除油罐相比增加了一个波纹斜板组，具体如图2-2所示。

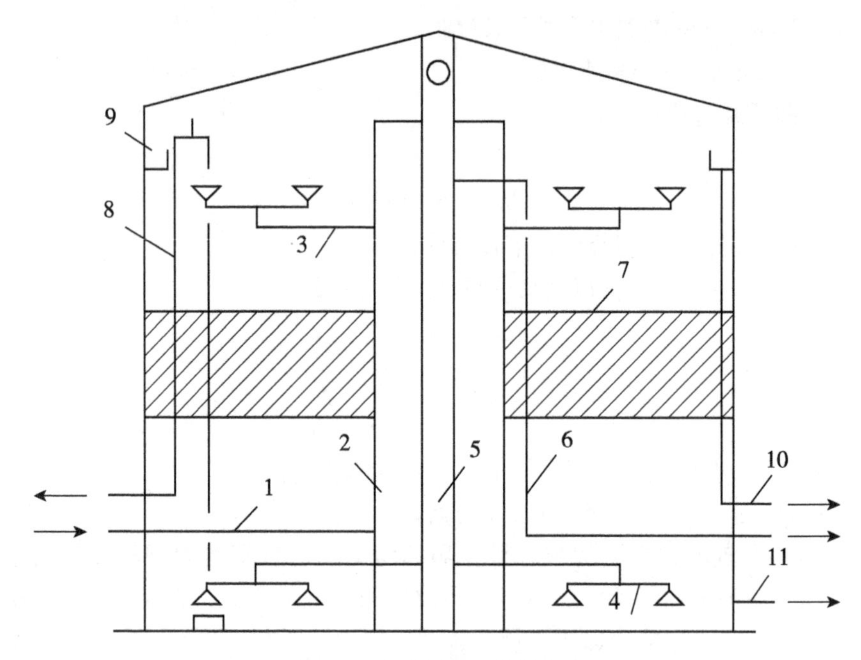

图 2-2　立式斜板除油罐结构

1—进水管；2—中心反应管；3—配水管；4—集水管；5—中心助管；
6—出水管；7—波纹斜板组；8—溢流管；9—集油槽；10—出油管；11—排污管

在斜板除油罐中，含油污水从中心反应管出来之后，首先在分离区进行初步的重力分离，然后较大的油珠颗粒分离出来，污水则通过斜板组，油水初步分离。分离后的污水在集水区流入集水管，汇集之后污水从中心主管上部流出除油罐。在斜板分离的油珠颗粒上浮至水面，进入集油槽之后从出油管排列到收油装置中。

在设计时，立式斜板除油罐的主要参数如下：斜板间距为80~100mm，斜板倾角则是45°~60°，斜板水平投影符合为 1.5×10^{-4}~$2.0\times10^{-4}m^3/(s\cdot m^2)$，其他设计数据和普通除油罐基本相同。油田上的实践经验证明，在除油效率相同的条件下，与普通罐相比，同样大小的斜板罐能力可以提高 1.0~1.5 倍。

三、粗粒化（聚结）除油

早在 20 世纪 50 年代，有人就开始在有普通隔油池前段设置填料段，填充碎石等颗粒物，为了提高除油效率。碎石的填料粒径较大，聚结性能相对较差，收效不大，因此这个方法在相当长一段时间内没有推广使用。20 世纪 70 年代初，由于石油开采行业和化工行业的发展，待处理的含油污水量不断增加，必须提高除油效率，并且缩小体积。化工工业的发展也提供了性能很好的粗粒化材料，粗粒化除油技术在这种技术下更快地发展起来。西方发达国家关于这方面的资料以及专利指导很多，并且有大量的实践应用案例。

（一）粗粒化（聚结）除油机理

所谓粗粒化，实际上是把含油污水通过一个装有粗粒化填充物的装置，在污水流经填充物的时候，油珠由小不断变大。经过粗粒化的污水，含油量和污油的性质并没有发生变化，只是更加容易使用重力法除油。粗粒化处理的对象主要是存在于水中的分散油。粗粒化除油是粗粒化以及相应的沉降过程的总称。

在设计除油装置的时候，采用静止浮升法或者显微镜观察法对污水中油珠粒径大小以及分布进行测试。大量的测试结果表明，随着脱水效果的好坏及污水用离心泵提升次数的不同，油珠粒径分布有较大的差异，但总的来看，油田含油污水的乳化程度并不高，多数是 10μm 及以上的分散油和浮油。浮油在除油罐中很快被去除，而乳化油则要用化学混凝法去除。分散油虽然不用混凝法，但是可以用自然沉降的方法去除，只是沉降的时间通常很长。在去除粒径 d_0 以上的油珠时，污水流动的速度必须小于油珠上浮速度 μ，油珠上浮速度符合斯托克斯公式。这个公式表明，对于温度一定的污水来说，动力黏滞系数、污水密度、污油密度和重力加速度都是定值。上式则可以简化为：

$$\mu = Kd_0^2$$

从这个公式很容易就能看出来，油珠的速度和油珠的粒径成正比。如果在污水沉降之前设法改变油珠粒径的大小，增加油珠的上浮速度，加大污水在沉降罐流速，就可达到提高除油效率的目的。相关学者研究后认为，采用粗粒化方法除油可以达到增大油珠粒径的目的。这个研究也成为粗粒化方法除油的理论依据。

关于粗粒化处理的详细机理，目前尚未得出统一结论。总体来看，粗粒化处理大体有两种观点，就是“润湿聚结”和“碰撞聚结”。

“润湿聚结”的理论是建立在亲油性粗粒化材料基础之上。在含油污水经过亲油性疏水性粗粒化材料上时，分散油珠会附着在材料表面，材料会逐渐被原油包住，再流过来的油珠更容易附着在上面。附着的油珠不断扩大形成油膜。由于浮力和反向流水的冲击，油膜脱落，材料表面更新。

脱落的油膜在水中开始形成油珠。这个油珠的半径要比之前的油珠粒径更大，最终达到粗粒化的目的。

“碰撞聚结”理论则是使用疏油材料。对于粗粒化床来说，无论是粒状还是纤维状，孔隙均能构成相互沟通的通道，犹如无数根直径相同的微管。在含油污水经过粗粒化床时，由于粗粒化材料是疏油的，油珠在管道中则有可能与管壁碰撞或者相互碰撞。油珠碰撞的冲量足以合并形成一个较大的油珠，从而达到粗粒化的目的。

当然，无论是亲油材料还是疏油材料，两种聚结是同时存在的。因为油珠在经过粗粒化床的时候，油珠之间的聚结方式是多样的。因此，无论采用哪种方式，都会取得较好的粗粒效果。

（二）粗粒化材料（聚结板材）的选择

粗粒化材料从形状可以划分为颗粒状和纤维状两种类型。从材质上则可以划分为天然的和人造的两类。国外应用的粗粒化材料品种有很多，各种化工产品应用最多。作为一种一次性材料，国外大多使用纤维材料，重复使用则可以选择颗粒状材料。国内大多使用颗粒状材料。

粗粒状材料应该选择耐油性能较好，不能被油溶解或者溶胀的材料，而且具有一定的机械强度，不能轻易被磨损。在使用的时候，应该选择密度大于1的材料，还要具有充足的货源，价格便宜，粒径在3~5mm为宜，增加材料的可获得性。

对于聚结板材来说，则经常使用一些聚氯乙烯、聚丙烯、玻璃钢等材料。具体选用什么材料的聚结板，应该根据处理水的水质特性和生产实际需要确定。一般情况下，聚丙烯和玻璃钢材料的聚结板多使用湿润聚结范畴。纯聚丙烯材料在吸油接近饱和时纤维周围会产生油水界面引起分子膜状时，吸油会趋于平衡，影响聚结效果。在玻璃钢材质吸油的时候能够对油水界面引起分子膜状影响较小，吸油功能可以良好保持。但是这种板材的加工难度较大。碳钢与不锈钢板材常用于碰撞聚结范畴。板材表面经过处理后，亲水性能更好。不锈钢板效果要优于碳钢板，寿命也大于碳钢板。但是，经济上，碳钢板的更优，因此设计的时候要理智选择。

（三）粗粒化（聚结）装置

一般来说，单一的粗粒化装置是立式的，下部配水，中部装填材料，上部出水。组合式的除油装置是卧式的，首端是配水部分，中部是粗粒化部分，中后部是斜板分离部分，后部则是集水部分。粗粒化除油装置工艺结构如图 2–3（a）所示。

聚结分离器则采用卧式压力聚结和斜板除油装置结合的模式除油。原水进入装置首端，通过多喇叭口均匀补水，然后横向上移，自斜板组上部均匀分布，经过斜板分离。固体悬浮物下沉积聚后排出，净化水从斜板下方横向流入集水腔中。高效聚结分离器工艺原理如图 2–3（b）所示。

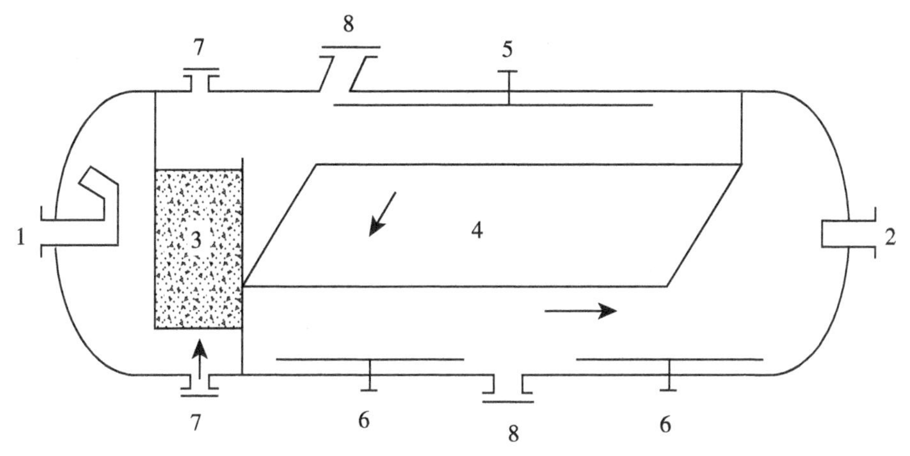

图 2–3（a） 粗粒化除油装置工艺结构

1—进水孔；2—出水孔；3—粗粒化段；4—蜂窝斜段；5—排油口；
6—排污口；7—维修入口；8—拆装斜管入口

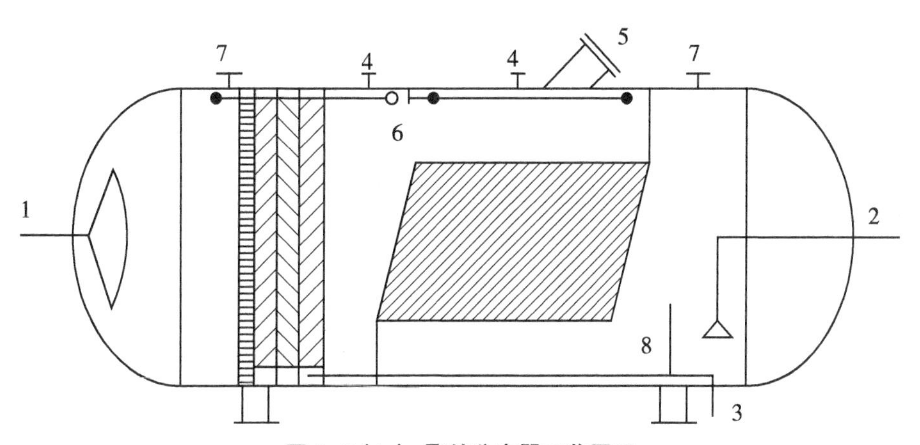

图 2–3（b） 聚结分离器工艺原理

1—进水孔；2—出水孔；3—排污口；4—污油口；5—进料口；
6—蒸汽回水口；7—安全阀；8—出水挡板

第四节　油田污水处理絮凝剂制备

一、PCSM 油田絮凝剂

硅酸钠是一种具有良好的吸附性能和架桥能力的阴离子型无机高分子物质，在溶液中能自行聚合形成不溶于水的凝胶状高聚物，失去絮凝性能。聚合氯化铝（简称 PAC）与硅酸钠复配而成的铝硅复合型絮凝剂（PSAC），可以充分发挥二者的长处，与硅酸钠相比，不但提高了稳定性，而且增强了电中和能力。在 PSAC 复配物基础上，添加少量有机高分子絮凝剂——阳离子型聚丙烯酰胺（简称 C-PAM）复合成为絮凝剂 PCSM。PCSM 同时具备较好的电中和、吸附、架桥与卷扫作用，形成的絮凝体大，在处理过程中具有絮凝体密实，沉降速度快，除油效果好等优点。

（一）PCSM 的制备

1. PCSM 的制备

将水玻璃稀释至 SiO_2 质量分数为 10% 的稀溶液。在搅拌条件下，调节 pH 值为 3~4。室温下反应 1h 后，调节 pH 值为 1~2，再在 40℃下恒温搅拌 15min。然后，按照设定的铝和硅的物质的量比加入不同剂量的 PAC 溶液，充分搅拌，制成 PSAC。再加入 C-PAM（用量为 PAC 质量的 0.3%~1.0%）混匀。熟化 1 天后，即成 PCSM 絮凝剂。

2. 污水性质检测

污水中碱离子浓度包括碳酸根、碳酸氢根、氢氧根离子、污水中聚合物浓度采用 SY/T　5523—2000；污水中含油量、污水中悬浮物含量的测定采用 Q/SYDQ　0594—2008。

3. PCSM 的影响因素

（1）铝硅比的影响：用制成的一系列 Al 和 SI 摩尔比不同的 PCSM 复合药剂，在处理条件一致的情况下，处理相同量的污水，观察除油效果。

（2）C-PAM 的影响：在 Al 和 SI 摩尔比相同的情况下，改变 C-PAM 的用量，对未加 C-PAM 的 PSAC 与 *m*（C-PAM）和 *m*（PAC）质量比分别为 0.5% 及 1% 的 PCSM 进行比较实验。

（3）PCSM 的主要影响因素：采用正交实验法来确定配方中各组分的配比，通过正交实验和分析，即可确定各因素最适宜水平及主要影响因素。PCSM 的影响因素实验如表 2-4 所示。

表 2-4　PCSM 的因素水平实验

水平	因素			
	硅酸钠的用量（g）	PAC 的用量（g）	C-PAM 的用量（g）	阳离子的类型
1	2.6296（A1）	25（B1）	0.1628（C1）	韩国进口（D1）
2	4.6296（A2）	19（B2）	0.4070（C2）	Y-38（D2）
3	0.6296（A3）	10（B3）	0.3093（C3）	Y-60（D3）

4. 污水处理的影响因素

污水处理的影响因素除絮凝剂性质本身的影响外，还有投药量的影响和 pH 值的影响。在实验条件不变的情况下，分别考察絮凝剂的加量和 pH 值对污水处理效果的影响。

5. 复配絮凝剂的效果比较

将硅酸钠、聚合氯化铝和阳离子型聚丙烯酰胺和 PCSM 分别配制成浓度为 1% 的稀溶液，最后将这四种溶液在 pH 值为 2 的条件下，分别处理相同剂量的污水，测定其絮凝除油的效果和净水效果。

（二）污水性质的测定结果

实验表明，污水中只含有碳酸根和碳酸氢根，没有氢氧根，经计算碳酸氢根含量为 0.0377mol/L，碳酸根含量为 0.0236mol/L；聚合物的浓度为 150.2906mg/L；含油量为 189.95mg/L；悬浮物含量为 100mg/L。

（三）合成复配型絮凝剂的影响因素

1. 铝硅比的影响

Al 和 SI 摩尔比是药剂聚凝效果的重要影响因素，用不同铝硅比复配的絮凝剂对污水的除油率变化来分析不同铝硅比絮凝剂的除浊能力，实验结果如图 2-4 所示。随着铝与硅的物质的量比增大，特别是在 n（Al）/n（SI）>1 以后，复配药剂中 PAC 成分增多，絮凝剂趋于阳离子性，絮凝效果明显变好。铝与硅的物质的量比达到 5 以后絮凝效果明显提高，铝与硅的物质的量比为 10 时，絮凝效果最好。在 n（Al）/n（SI）>10 以后，药剂可达到最佳效果，但达到 15 以后絮凝效果又有所变差。铝与硅的物质的量比过大或过小均不利于提高絮凝效果，铝与硅的物质的量比为 10 时，PCSM 的稳定性较好。

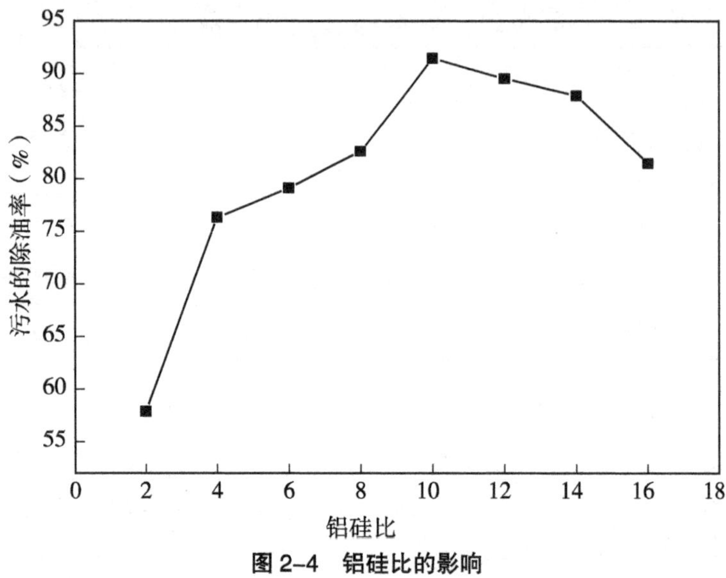

图 2-4　铝硅比的影响

2. C-PAM 的影响

从实验中发现，加入 C-PAM 的 PSAC 絮凝效果明显好于未加 C-PAM 的 PSAC，并且随着 C-PAM 数量的增加絮凝效果明显增强。在硅酸钠中直接加入 C-PAM，C-PAM 容易成团析出，故复配时，应先加入 PAC 后加入 C-PAM，而且由于高相对分子质量的 C-PAM 在 PSAC 溶液中的溶解度有限，C-PAM 在复配药剂中能作为少量添加物，其用量不能超过 PAC 质量的 2%。相对分子质量较高的 C-PAM 分子链很长，具有很强的吸附架桥性能，即使少量加入絮凝效果也会明显提高。在实验过程中还可以观察到，加入 C-PAM 后，絮体形成速度快，体积大，静置时，沉降速度快。

（四）正交实验

按照因素水平表 2-4 做正交实验，结果如表 2-5 所示。4 个因素的极差值 R 分别为 20.72、14.96、14.96、33.38，极差越大，说明该因素的变化对处理效果影响越大。各因素影响大小顺序为 D2>A2>B3>C1，且 6 号样除油率最高为 89.47%。从 K 值的比较中得出四个最优水平为 A1B2C3D1，并令其为 10 号样。最后用试样 10 处理污水，得出的污水含油量分别为 17.2682mg/L，除油率为 90.91%，聚合物浓度监测表明下降了 65.59%，污水中悬浮物含量下降了 60%，可以看出最佳絮凝剂无论是在含油量的测定、聚合物浓度的测定还是污水悬浮物含量的测定中都有较为理想的性能指标，在处理污水过程中达到了满意的效果，确定最佳絮凝剂为 10 号样组成。

表 2-5　PCSM 的正交实验结果

序号	硅酸钠的用量	PAC 的用量（g）	C-PAM 的用量	阳离子的类型	含油量（mg/L）	除油率（%）
1	A1	B1	C1	D1	107.06	43.63
2	A1	B2	C2	D2	41.44	78.18
3	A1	B3	C3	D3	37.99	80.00
4	A2	B1	C2	D3	69.07	63.63
5	A2	B2	C3	D1	86.34	54.54
6	A2	B3	C1	D2	20.72	89.47
7	A3	B1	C3	D2	58.71	69.09
8	A3	B2	C1	D3	37.99	80.00
9	A3	B3	C2	D1	27.62	85.45
K_1	62.16	51.80	55.25	73.67	—	—
K_2	58.71	61.01	46.04	40.29	—	—
K_3	41.44	46.04	61.01	48.35	—	—
R	20.72	14.96	14.96	33.38	—	—

将复配的最佳絮凝剂进行色谱分析，色谱分析如图 2-5 所示。谱图中，吸收峰和对应基团如下：

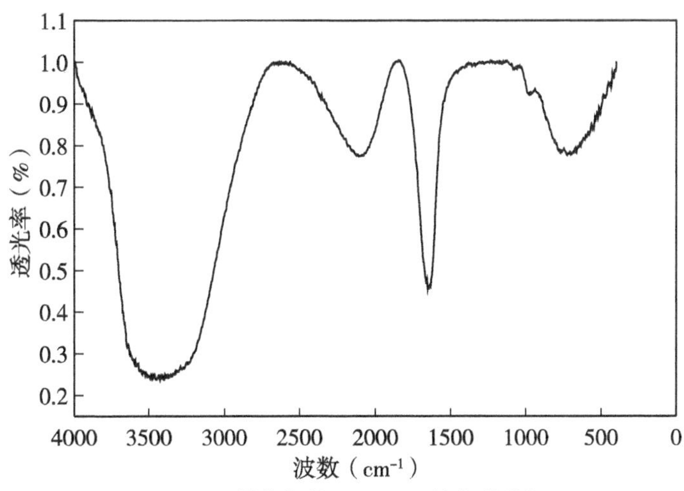

图 2-5　最佳条件下 PCSM 的色谱分析

（1）3425.38cm^{-1} 强吸收峰，为—C—NH_2 或—C—NH—C—伯胺或仲胺；

（2）2108.62cm^{-1} 强吸收峰，为—C≡C—炔烃；说明聚合物中有炔烃存在；

（3）1644.30cm^{-1} 强吸收峰，为—C＝C—希夫碱；

（4）727.66cm^{-1} 强吸收峰，为—C—Cl—氯化物；说明聚合物中 C、Cl 原子是直接相连的。

（五）影响污水处理的因素

1. 投药量

在相同剂量、相同水质的污水中加入不同剂量的 PCSM 进行污水处理，通过处理前后污水的除油率变化筛选出 PCSM 的最佳投药量。固定 pH 值为 2，PCSM 的投药量影响结果如图 2-6 所示。投药量越多，处理后的污水含油量越少，净水效果就越好。当药剂量加到 200mg/L 时已得到了比较满意的净水效果，而加大投药量后的效果变化不是很大，还造成了絮凝剂的浪费，确定最佳投药量为 200mg/L。

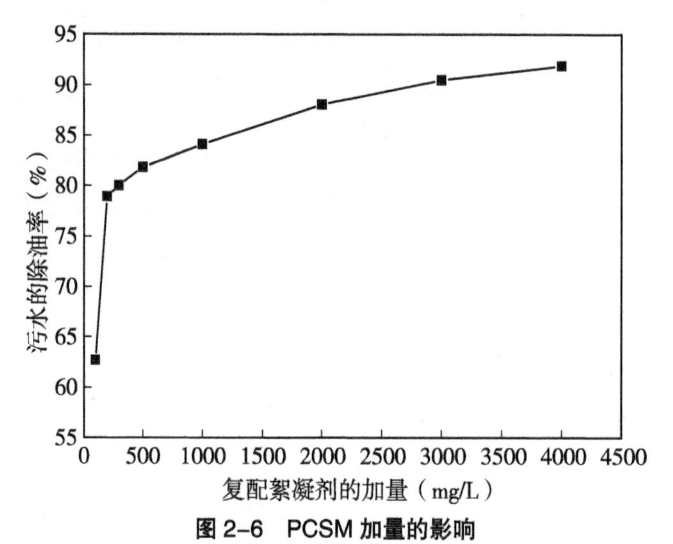

图 2-6　PCSM 加量的影响

2. pH 值的影响

在污水处理过程中，pH 值对胶体颗粒表面的电荷、絮凝剂的性质和作用以及絮凝作用本身都产生很大影响，因此水体 pH 值也是非常重要的，实验结果如图 2-7 所示。PCSM 在 pH 值为 2 时具有良好的絮凝除油效果，尤其对偏酸性的污水絮凝效果更好。这是因为 PCSM 中的 C-PAM 有较宽的 pH 值适用范围。另外，随着溶液 pH 值降低，硅酸钠与 PAC 的离解程度加强，增强了对溶液中颗粒的吸附和架桥作用，提高了絮凝效果。实验中还观察到，在酸性时絮凝产物较为粗大、密实，沉降明显加快。

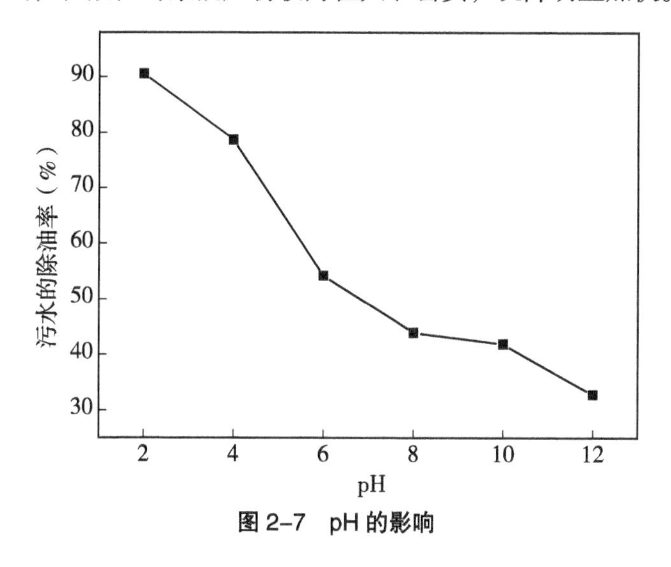

图 2-7　pH 的影响

3. PCSM 的混凝效果

硅酸钠、聚合氯化铝和阳离子型聚丙烯酰胺在净水方面都各自发挥了作用，有较好的效果。因此，将其与 PCSM 进行比较，处理效果如表 2-6 所示。单一的絮凝剂在絮凝除油方面远不及 PCSM，而且在实验现象上表现为 PCSM 沉降时间短、絮凝团较大、絮凝层较厚、上清液较澄清，故 PCSM 处理污水的能力最强，絮凝除油和除浊的效果最好，很好地达到了净水的目的。

表 2-6　各种絮凝剂的效果比较

序号	絮凝剂种类	处理前污水的含油量（mg/L）	处理后污水的含油量（mg/L）	除油率（%）
1	PCSM	189.95	17.26	90.91
2	XNJ-1	189.95	37.99	80.47
3	XNJ-3	189.95	69.07	63.63
4	聚合 $AlCl_3$	189.95	110.51	41.82
5	$Al_2(SO_4)_3$	189.95	131.24	30.91
6	XNJ-5	189.95	86.34	54.54

（六）结论

（1）PCSM 是一种既含阳离子又含阴离子的新型复合絮凝剂，生产原料来源广泛、生产成本低廉，具有实用价值。

（2）通过单因素实验，得到最佳合成条件：铝与硅的物质的量比为10 ：1，少量加入 C-PAM，其加入量为 PAC 的量的 0.3%~1%。

（3）通过正交实验确定了影响 PCSM 合成的主要因素的顺序：C-PAM 的类型 > 硅酸钠 >PAC 的用量 >C-PAM 的用量。

（4）确定出在水质为酸性，pH 值为 2 时，PCSM 投药量在 200mg/L 对含油废水的除油和净化效果较好，具有广泛的应用前景。

二、有机阳离子絮凝剂制备

含油污泥的产出量随着石油与天然气开采力度的加大而日渐增多，在含油污泥处理中，通过投加高效适宜的絮凝剂对污泥进行调质是处理的关键。絮凝剂主要有无机、有机和微生物絮凝剂，阳离子型有机高分子絮凝剂是一种重要的高分子絮凝剂，因其分子链中存在大量正电荷，不仅可以通过吸附架桥与电中和作用使带负电荷的胶体颗粒絮凝沉降，而且可以与表面带负电的物质发生反应，使污染物得以去除，合成阳离子型有机高分子絮凝剂是近年来的研究趋势。环氧氯丙烷与胺的共聚物作为有机阳离子絮凝剂，能在含氯分散相的水分散体系中使用而不与氯化物起作用，并具有良好的絮凝效果，该共聚物作为絮凝剂应用于含油污泥的热洗处理中未见报道。

本书以环氧氯丙烷（ECH）、三乙醇胺（TEA）为主要原料，加入交联剂三乙烯四胺（TETA）制备有机阳离子絮凝剂。采用单因素及正交实验确定制备的最佳工艺条件，并对其进行红外表征以及应用于含油污泥热洗法处理中，考察其对含油污泥脱油率的影响。

（一）共聚物的制备

1. 制备工艺

向置于 30℃恒温水浴中的 500mL 三口瓶内加入 TEA 和一定量的水，在搅拌的同时缓慢滴加定量的 ECH，滴加完毕，再加入定量的 TETA，整个滴加过程约 1.5h，继续搅拌并且缓慢升温至设定温度，恒温反应一定时间得到淡黄色蜜状液体。

2. 单因素试验

通过控制单一变量分别考察交联剂三乙烯四胺用量 *m*（TETA）/*m*（ECH+TEA）=1%~5% 对脱油率的影响、环氧氯丙烷与三乙醇胺配比 *n*

（ECH）/ n（TEA）=（1 ∶ 1）~（5 ∶ 1）对脱油率的影响、聚合反应温度 50~90℃对脱油率的影响、聚合反应时间 5~9h 对脱油率的影响。

3. 正交实验

依据聚合单因素实验结果，以共聚物对含油污泥的脱油率为指标，制定相应的四因素三水平正交表 L9（34），确定聚合物的最佳合成工艺条件。

（二）共聚物的性能评价

1. 共聚物的结构表征

采用 KBr 压片制样，通过 MB154S 型傅里叶红外光谱仪对聚合产物进行结构表征。

2. 最佳用量确定

将共聚物配制成不同浓度的溶液，应用于含油污泥热洗处理中，测定含油污泥脱油率，确定絮凝剂最佳用量。

3. pH 值对脱油效果的影响

调节溶液酸碱度，在不同 pH 值下处理相同质量含油污泥，考察含油污泥脱油率，确定絮凝剂适用的 pH 值。

4. 脱油效果对比

在相同的热洗条件下处理相同的含油污泥，以最佳投药量为前提，通过破乳剂与絮凝剂复配，与两种现场絮凝剂进行对比，考察含油污泥的处理效果。

（三）共聚物作用机理分析

采用 S-4800 型扫描电镜观察共聚物加入前后污泥微观形态，分析其作用机理。

（四）共聚物作用的影响因素分析

1. 环氧氯丙烷与三乙醇胺配比对脱油率的影响

投加不同 ECH 与 TEA 摩尔比合成的絮凝剂，对相同质量的含油污泥进行处理，以脱油率为指标，考察不同配比下的絮凝剂对含油污泥脱油效果的影响，实验结果如图 2-8 所示。ECH 与 TEA 摩尔比对脱油率的影响较大。反应过程中，增加 ECH 的用量，使得反应产生的阳离子基团随之增多，利于絮凝沉降。当 ECH 与 TEA 摩尔比在 3 ∶ 1 以下时，产物的絮凝效果并不理想，脱油率在 50% 以下；当 ECH 与 TEA 摩尔比超过 3 ∶ 1 时，曲线呈上升趋势；当 ECH 与 TEA 摩尔比为 4 ∶ 1 时，脱油率达到峰值。由此可见，ECH 与 TEA 摩尔比过大或过小均不利于脱油，确定 ECH 与 TEA 最佳摩尔比为 4 ∶ 1。

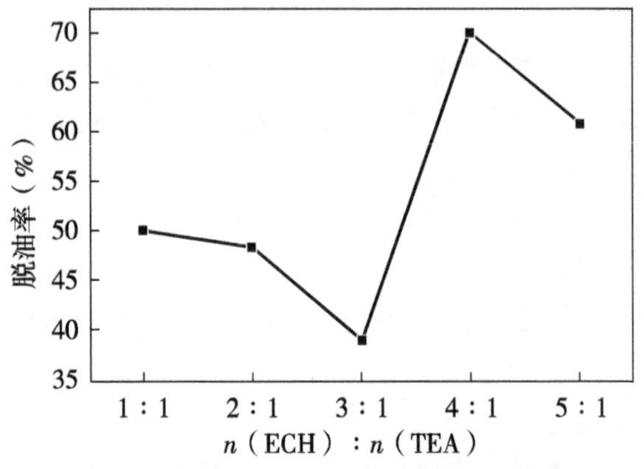

图 2–8　环氧氯丙烷与三乙醇胺配比的影响

2. 交联剂三乙烯四胺用量对脱油率的影响

在环氧氯丙烷与三乙醇胺摩尔比为 4 ∶ 1 条件下，考察交联剂三乙烯四胺用量对含油污泥脱油效果的影响，结果如图 2–9 所示。三乙烯四胺用量对脱油率的影响较大。反应过程中，由于三乙烯四胺的加入，分子链发生交联，随其用量增加，聚合程度逐渐增大，但用量过大，会使聚合产物凝胶化，水溶性变差。三乙烯四胺用量在 3% 时，含油污泥的脱油率最大。因此，确定三乙烯四胺最佳用量为 3%。

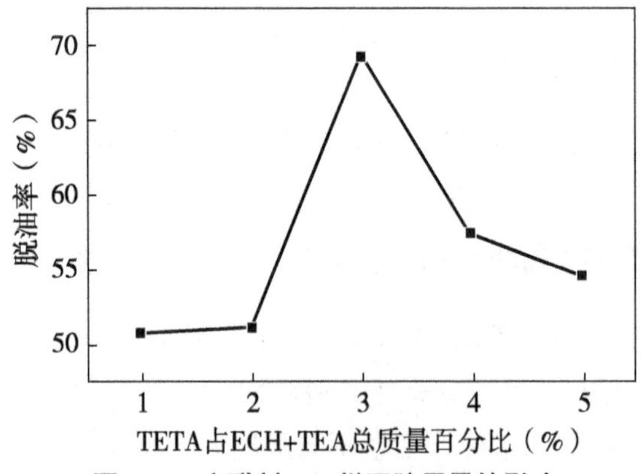

图 2–9　交联剂三乙烯四胺用量的影响

3. 反应温度对脱油率的影响

在环氧氯丙烷与三乙醇胺摩尔比为 4 ∶ 1，三乙烯四胺用量为 3%，反应时间为 6h 的条件下，考察反应温度对含油污泥脱油率的影响，实验结果如图 2-10 所示。在絮凝剂合成过程中，三乙烯四胺与环氧基为亲核取代反应，低温不利于反应物分子活化，同时不能提供足够能量克服分子间的空间位阻，致使反应缓慢，因该反应为放热反应，温度过高会阻碍反应正向进行，因此确定最佳反应温度为 60℃。

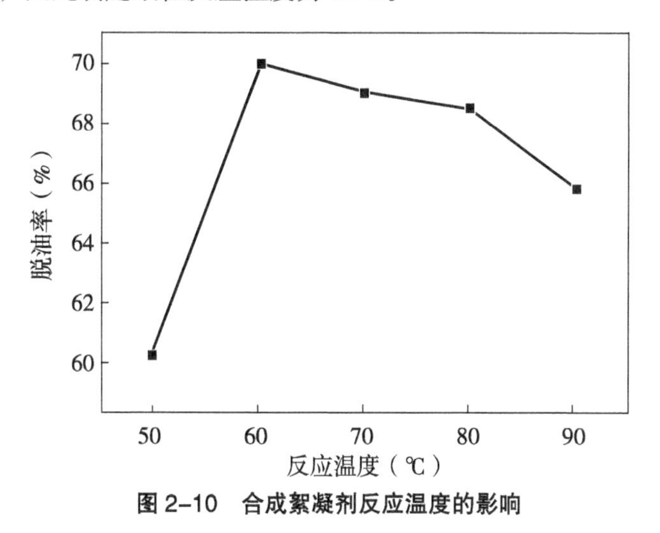

图 2-10　合成絮凝剂反应温度的影响

4. 反应时间对脱油率的影响

在环氧氯丙烷与三乙醇胺摩尔比为 4 ∶ 1，三乙烯四胺用量为 3%，反应温度为 60℃的条件下，考察反应时间对含油污泥脱油率的影响，实验结果如图 2-11 所示。聚合产物对含油污泥脱油率的影响，随反应时间的延长而增大，当反应时间为 6h 时达到最高值，延长反应时间对脱油率的影响不大，说明已基本反应完全，故确定聚合反应时间为 6h。

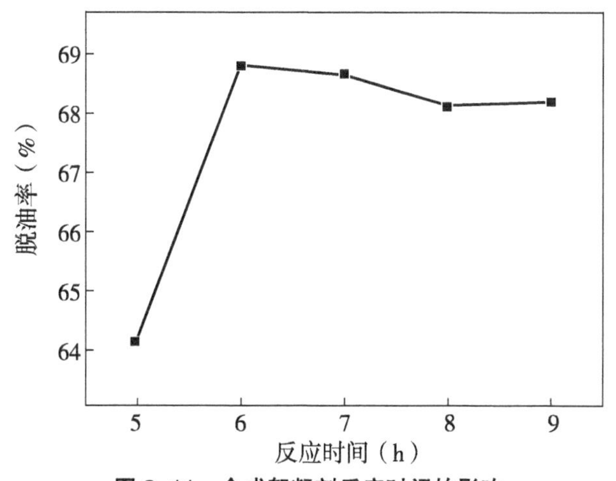

图 2-11　合成絮凝剂反应时间的影响

（五）正交试验

依据单因素试验结果制定正交试验因素水平表，正交试验结果如表 2-7 所示。

表 2-7　正交试验结果

序号	n（ECH）/ n（TEA）	m（TETA）/ m（ECH+TEA）	反应温度（℃）	反应时间（h）	脱油率（%）
	A	B	C	D	
1	3 ∶ 1	0.02	50	5	34.67
2	3 ∶ 1	0.03	60	6	39.82
3	3 ∶ 1	0.04	70	7	36.71
4	4 ∶ 1	0.02	60	7	60.86
5	4 ∶ 1	0.03	70	5	67.54
6	4 ∶ 1	0.04	50	6	62.48
7	5 ∶ 1	0.02	70	6	55.71
8	5 ∶ 1	0.03	50	7	57.89
9	5 ∶ 1	0.04	60	5	56.97
K_1	37.07	50.41	51.68	53.06	—
K_2	63.63	55.08	52.55	52.67	—
K_3	56.86	52.05	53.32	51.82	—
R	26.23	4.67	1.64	1.24	—

由表 2-7 可以看出，反应物的摩尔比即环氧氯丙烷与三乙醇胺的摩尔比，对含油污泥脱油率的影响最大；其次是交联剂三乙烯四胺用量对脱油率的影响，三乙烯四胺为强碱性试剂，在一定配比下有利于环氧基与三乙醇胺的反应；另外，反应温度与反应时间均对脱油率有不同程度的影响。4 个因素的极差 R 影响大小顺序为环氧氯丙烷与三乙醇胺的摩尔比 > 交联剂三乙烯四胺的用量 > 反应温度 > 反应时间。分析各因素的水平数值，确定最佳合成条件为：A2B2C2D2，即 n（ECH）/n（TEA）= 4 ∶ 1，m（TETA）/ m（ECH+TEA）=3%，反应温度为 60℃，反应时间为 6h，脱油率为 68.03%。

（六）共聚物红外光谱图分析

确定合成絮凝剂的最优水平为A2B2C2D2，其红外谱图如图2-12所示。

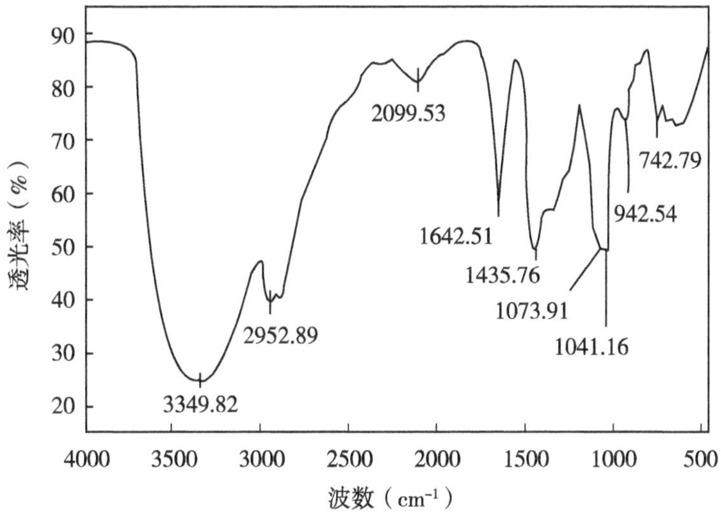

图2-12 共聚物的红外光谱

由图2-12可知，出现于3349.82cm^{-1}处的特征吸收峰为—OH的伸缩振动吸收峰；2952.89cm^{-1}处为—CH_2的伸缩振动吸收峰；1073.91cm^{-1}处的特征吸收峰为C—O—C键的伸缩振动吸收峰；1041.16cm^{-1}处证明存在伯—OH；942.54cm^{-1}处有弱的吸收峰，为季铵盐—CN的特征吸收峰；1642.51cm^{-1}为氨基N—H键的吸收峰；1435.76cm^{-1}和742.79cm^{-1}处为三元环氧环的特征吸收峰。由以上分析可以推断出，合成的共聚物结构中含有羟基、环氧基和季铵盐等基团，为所需要的目标产物。

（七）共聚物作为絮凝剂在含油污泥热洗处理中的应用

1. 絮凝剂最佳用量

通过处理相同质量的含油污泥，考察絮凝剂加量对含油污泥脱油率的影响，实验结果如图2-13所示。含油污泥脱油率随投药量的变化较大，在160mg/L以下，随投药量增大，脱油率上升，当药剂加量为160mg/L时，脱油率为68.97%，已得到较满意的脱油效果，加大投药量后的效果反而下降，且造成絮凝剂的浪费。综上所述，最佳投药量为160mg/L。

2. pH值对脱油效果的影响

考察不同pH值下，处理相同质量的含油污泥的脱油率，确定最佳pH

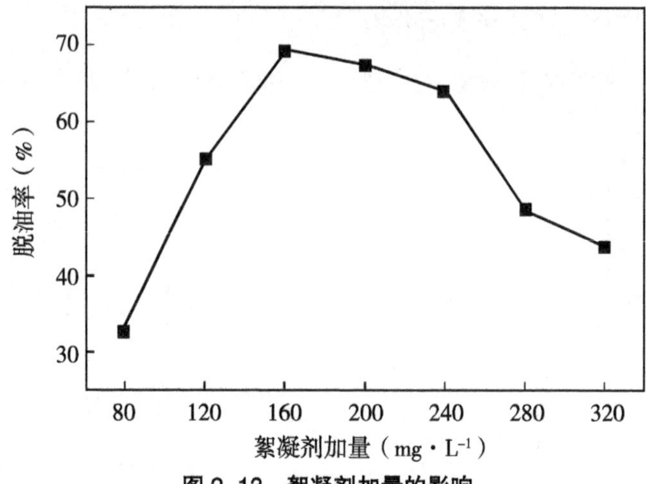

图 2-13 絮凝剂加量的影响

值，实验结果如图 2-14 所示。pH 值对含油污泥脱油率的影响，主要表现在污泥颗粒的电荷和电泳速度随 pH 值的变化方面，pH 值对颗粒电荷的影响主要是对絮体成长和沉降量的影响。含油污泥的脱油率随 pH 值在 2~7 的增加而增加，pH 值 >7，脱油率逐渐降低。含油污泥处理中 pH 值的选择是综合各种因素考虑后的最终结果，实验得出最佳 pH 值为 7。

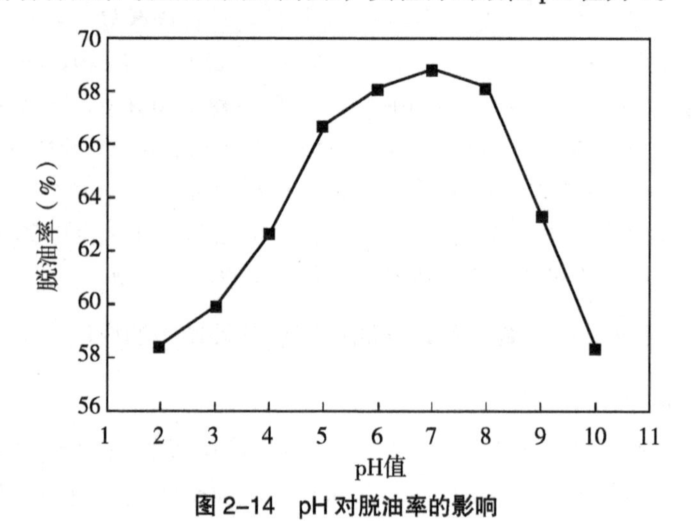

图 2-14 pH 对脱油率的影响

3. 与其他絮凝剂效果对比

筛选两种现场絮凝剂与实验合成絮凝剂进行对比，通过热洗法处理含油污泥，以脱油率为指标，对比结果如图 2-15 所示。合成絮凝剂的脱油效果已达到现场絮凝剂的脱油效果，并且较两种现场絮凝剂的絮凝效果略高，同破乳剂复配，脱油率达到 82.83%，可用作热洗法处理油田含油污泥的絮凝剂。

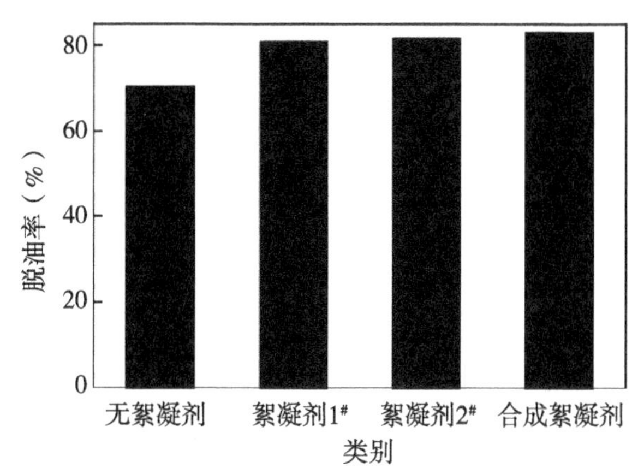

图 2-15　热洗处理中不同絮凝剂与破乳剂 1# 复配的影响

（八）共聚物加入前后含油污泥扫描电镜图及作用机理

添加共聚物絮凝剂处理前后含油污泥扫描电镜结果对比，如图 2-16 所示。加入絮凝剂前后含油污泥微观结构发生较大变化，未加絮凝剂时含油污泥微观结构呈无规则状，颗粒间孔隙较多，排列较为疏散，含有一定量水分，加入絮凝剂后，颗粒排列致密，絮体团聚性增强，一定量的水和油被脱除，污泥含油率降低，这说明共聚物对含油污泥有良好的絮凝效果，促使污泥脱油脱水。

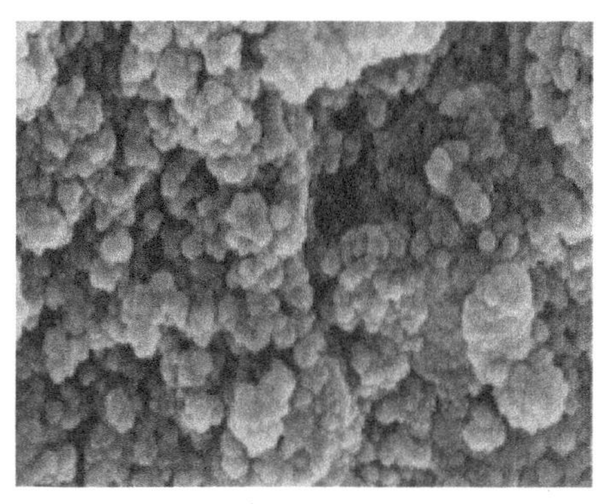

（a）未添加絮凝剂（放大 1200 倍）

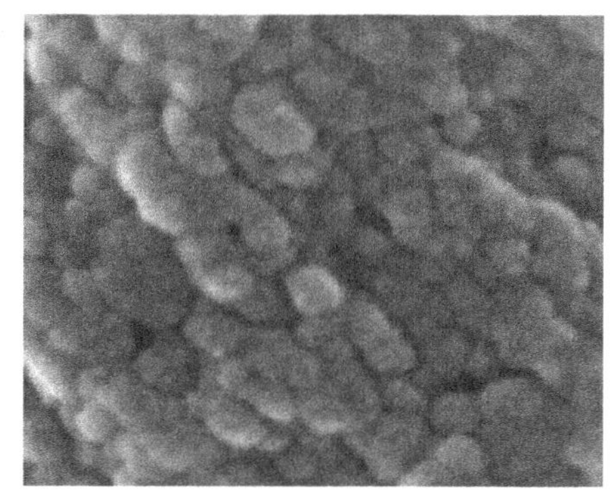

（b）添加絮凝剂（放大 1200 倍）

图 2-16　添加絮凝剂前后含油污泥电镜图

添加絮凝剂后，共聚物分子长链基团携带的正电荷强烈地吸附在颗粒表面，中和带负电荷的污泥颗粒，克服颗粒间静电斥力，使之脱稳，经电中和作用，絮体颗粒较大程度凝聚，其中共聚物含有的季铵基团，对负电荷不仅起到电中和作用，还可使油泥中的病毒、微生物发生聚沉；被凝聚的颗粒彼此靠近，多个颗粒吸附在分子链的活性基团上，进而增强了颗粒间吸附架桥作用，分子链伸展，形成桥链状粗大絮凝物，促使污泥颗粒絮凝沉降。

（九）结论

（1）确定了絮凝剂合成条件，通过单因素实验，得到最佳合成条件：ECH 与 TEA 摩尔比为 4 ∶ 1，TETA 加入量占 ECH 与 TEA 总质量的 3%，反应温度为 60℃，反应时间为 6h。

（2）通过正交实验确定了影响絮凝剂合成的主要因素和次要因素。影响大小顺序为环氧氯丙烷与三乙醇胺摩尔比 > 交联剂三乙烯四胺用量 > 反应温度 > 反应时间。

（3）在絮凝剂用量 160mg/L，pH=7 的条件下，与破乳剂复配，热洗处理含油污泥，脱油率为 82.83%，具有较好的絮凝效果和较理想的实际应用价值，脱油能力较强，优于其他絮凝剂产品。

（4）电镜扫描结果表明：通过絮凝剂吸附—电中和—桥连作用，污泥颗粒絮凝成团，排列紧密，有利于沉降分离。

第三章　油田含油污泥处理技术

正如前文论述的那样，石油开发过程中，随着采出程度的不断加大，采出液体的含水率不断增加。这些水必须经过污水处理。而在污水处理过程中，会有大量的含油污泥排出。这类污泥的总量占污水量的3%~12%，含水率达97%~99%。如果这类污泥得不到有效处理，污水处理过程必然会受到威胁，而且流失的污泥回到农田中，还会对地表环境造成一定的危害。为了减少环境污染，保护绿水青山，相关企业必须对这些污泥进行处理，使得污泥能够满足当代社会发展的需求。

第一节　含油污泥特性分析

含油污水由于包括一定的原液，在泥土的作用下，本身具有非常复杂的成分，例如大量老化原油、沥青、胶体、盐类、酸性气体等。在污水处理过程中，又增加了大量的化学试剂。因此，排出的含油污泥成分差异更大。这就非常容易理解为什么不同地方的含油污泥有如此大的差异。例如，水质的pH值必须通过不同的试剂进行控制，在采用和原水pH值相近的方法处理污水的时候，排出污泥量占处理水总量的3%~6%，污泥的含水率则为98%~99%，流动性非常好。中原油田在处理污泥的时候，矿化度达到14×10^4~18×10^4mg/L。液体中的固体颗粒非常细，呈现出胶状结构，沉降性能很差。其中的污油含量占干化污泥含量的20%左右，可燃物占污泥总量的60%~70%。表3-1详细展示了低pH值污水干化污泥的分析结果。

在通过碱性凝聚剂控制水的pH值时，高pH值的污泥量占总污水量的8%~12%，含水率总体为97%~98%，液体的流动性能稍差，矿化度稍高。中原油田在使用这个方法处理污泥的时候，矿化度能够达到14×10^4~24×10^4mg/L。污泥的组成颗粒非常细小，呈现出渣浆状，而且表现出良好的沉降性，污油含量也极低。这种污泥的主体成分是$CaCO_3$、SiO_2、Fe_2O_3。

表 3-1 低 pH 值处理污水干化污泥组分分析结果

项目	名称	含量（%）	测试方法
可燃物成分	C	40.67810	CARLOERRA—1106 型光素分析仪
	H	6.67318	
	N	0. 260062	
	S	0.60000	
	O_2	27.46000	换算
污泥灰分中元素（%）	SiO_2	21. 90	硅目兰光度法
	Al_2O_3	6. 60	络天青 S 光度法
	Fe_2O_3	22. 99	磺基水杨酸分光光度法
	TiO_2	0.0060	二氨基比林甲烷光度法
	P_2O_5	0.3000	锑磷目兰光度法
	CaO	0.3130	
	MgO	0.5140	
	MnO	0.0350	
	K_2O	0.6200	原子吸收光度法
	Na_2O	0. 1100	
	ZnO	0.0300	
	CuO	0.0026	
	PbO	0.0020	
	Cr_2O_3	0.0110	二苯碳酸二肼法
	V_2O_5	0.0033	三氯甲烷萃取—钽试剂比色法
	AS_2O_3	0.0098	氮化物—原子荧光光度法
发热量		27. 474 kJ/g	GRP3500 型氧弹式量热器

第二节 热洗法处理含油污泥工艺研究

化学热洗法是通过热水溶液对含油污泥进行反复洗涤，在洗涤过程中加入高效、适宜的化学药剂，再经加热、混合搅拌后静置沉淀，实现固液分离。分离出的油相经处理后进入储油罐，清洗液可再循环利用，剩余的污泥则进行脱水再处理后资源化利用。化学试剂的筛选和使用是化学热洗工艺的关键，在加热、搅拌的分离过程中，主要涉及降低界面张力、乳化作用、改变润湿性和刚性界面膜等原理。该工艺既达到了回收资源的目的，又改善了环境，具有能耗低、处理效果好等优点。

一、热洗法处理含油污泥工艺流程设计

根据含油污泥热洗法处理工艺条件以及实验过程，设计工艺流程图如图 3-1 所示。

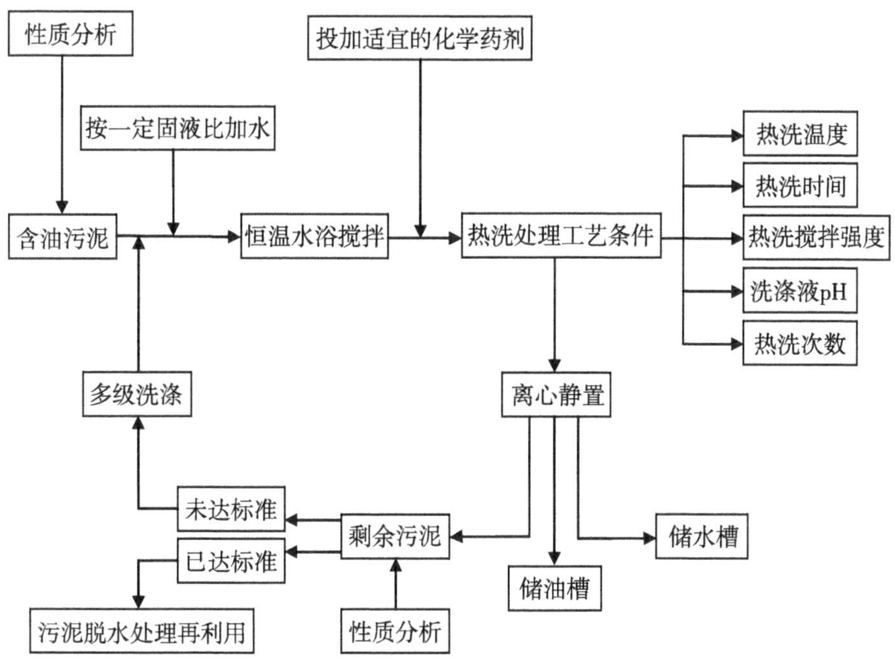

图 3-1　热洗法处理含油污泥工艺流程

二、热洗法工艺条件的确定

（一）固液比

考虑到污泥放置时间较长，直接加药会导致搅拌不均匀，投加一定质量比例的清水可以提高水油接触的机会。在恒温水浴 50℃下，按不同的固液比（含油污泥与清水质量比）对加入破乳剂 20mg/L 的含油污泥进行处理，以脱油率为指标确定最佳固液比。固液比对脱油率的影响实验结果如图 3-2 所示。理想的固液比为 1 ∶ 4，脱油率达到 69.12%。

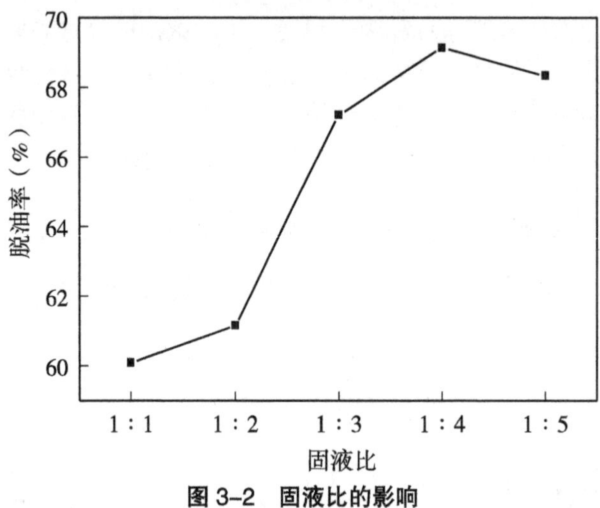

图 3-2　固液比的影响

（二）破乳剂 1# 用量

为了使含油污泥达到更好的脱油效果，加入不同浓度的破乳剂 1# 对其调质，在固液比 1 ：4，温度 50℃条件下，连续搅拌一定时间，破乳剂加量的影响结果如图 3-3 所示。

随着破乳剂的加入，当加量为 20mg/L 时，脱油率达到最高，继续增加破乳剂的用量脱油率反而降低，这是由于当破乳剂达到峰值后，增加破乳剂的用量，致使混合物的黏度增大，不利于油砂的脱落，影响了油泥的分离，因此确定破乳剂用量为 20mg/L。

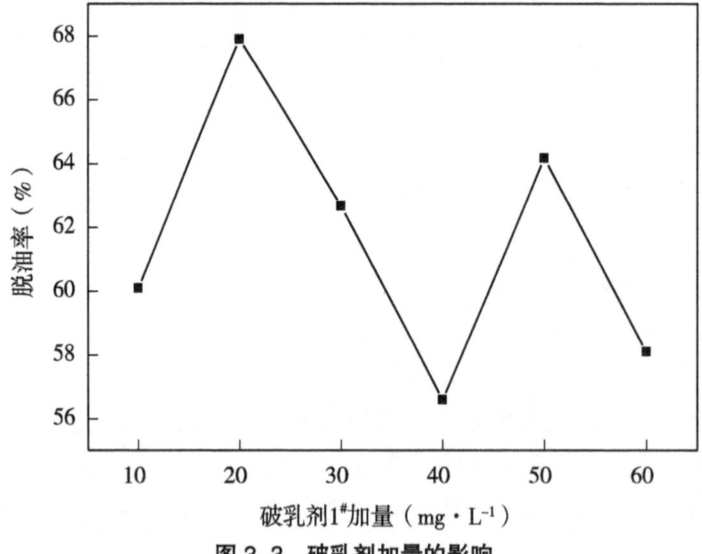

图 3-3　破乳剂加量的影响

（三）絮凝剂用量

通过加入絮凝剂对油泥进一步调质，使含油污泥经搅拌后，泥相更快下沉，水相澄清。两种现场絮凝剂的对比结果如图 3-4 所示。两种絮凝剂均在 20mg/L 时脱油效果达到最佳。絮凝剂加量过多，形成的絮凝体较黏稠，脱油率反而下降；加入药剂过少，电性中和少，吸附架桥作用弱，污泥难以聚团，不利于脱水。对比两种絮凝剂，絮凝剂 2# 在 20mg/L 时的脱油率较絮凝剂 1# 大，效果相对较好，因此选择絮凝剂 2# 作为含油污泥热洗脱油实验的絮凝剂。

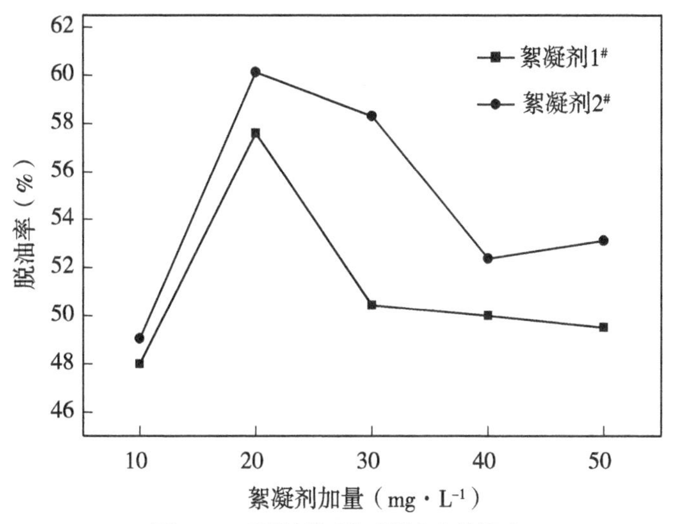

图 3-4　絮凝剂加量对脱油率的影响

（四）热洗温度

热洗温度对脱油率的影响结果如图 3-5 所示。随着热洗温度的升高，脱油率不断提高，这是因为颗粒的热运动加剧，增加了颗粒间的碰撞机会，有利于破乳脱油。因此，从节约能源的角度考虑，选定适宜的温度为 50℃。

（五）热洗时间

在其他条件一定的情况下，考察热洗时间对脱油率的影响，结果如图 3-6 所示。20~30min 范围内，随着热洗时间的增加，脱油率明显增加，搅拌时间为 30min 时，脱油率达到最大值，之后脱油率变化趋势平缓，最佳的热洗时间为 30min。

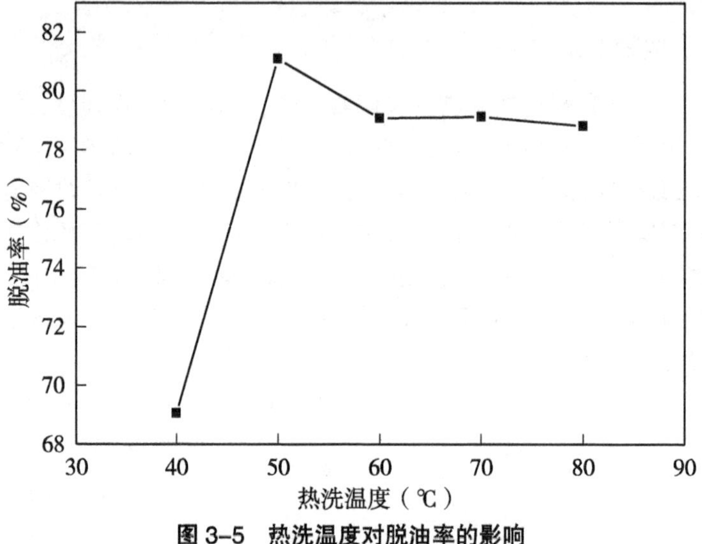

图 3-5　热洗温度对脱油率的影响

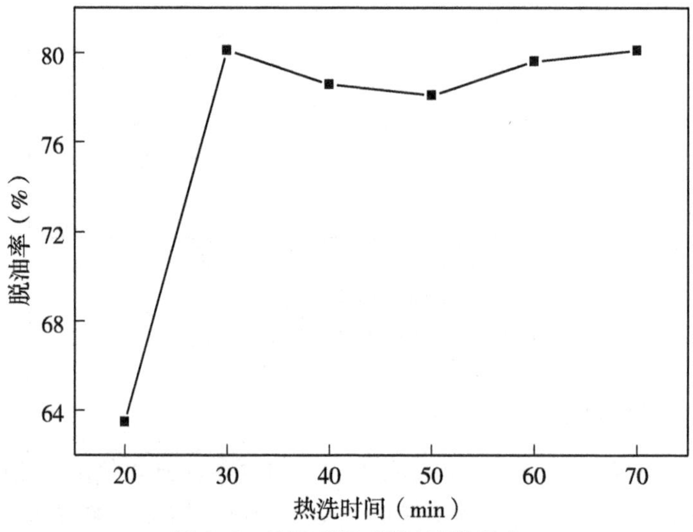

图 3-6　热洗时间对脱油率的影响

（六）热洗搅拌强度

转速为 60~200r/min 的条件下，对油泥连续搅拌 30min，搅拌强度对脱油率的影响结果如图 3-7 所示。搅拌可以加速含油污泥表面泥沙的脱落，有利于油滴从含油污泥中分离；过低的搅拌强度不能使絮凝剂迅速均匀地扩散，从而影响其絮凝效果。因此，选择合适的搅拌强度可使热洗效果最好。搅拌强度对脱油率的影响较大，确定最佳搅拌强度为 140r/min。

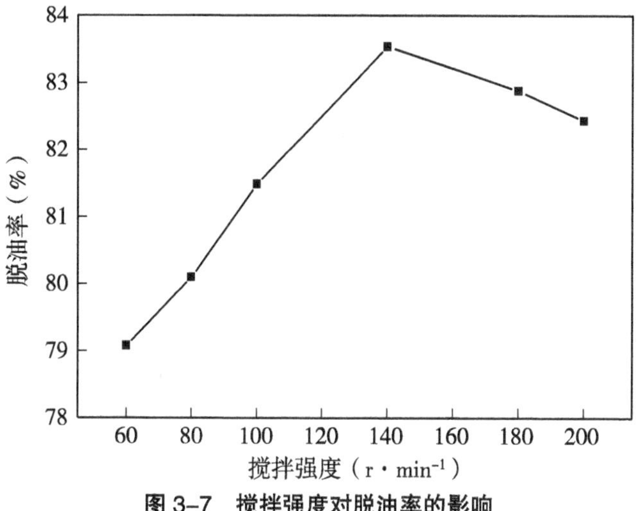

图 3–7　搅拌强度对脱油率的影响

（七）热洗液 pH 值

改变溶液 pH 值，考察 pH 值对含油污泥脱油率的影响，结果如图 3–8 所示。pH 值对脱油率的影响较大，随着 pH 值的增大，脱油率逐渐升高，pH<8 时，曲线较陡，脱油率上升明显，之后脱油率上升幅度变化不大。由于 pH 值过大会增加废水的处理难度，综合考虑确定 pH 值为 8 碱性条件。

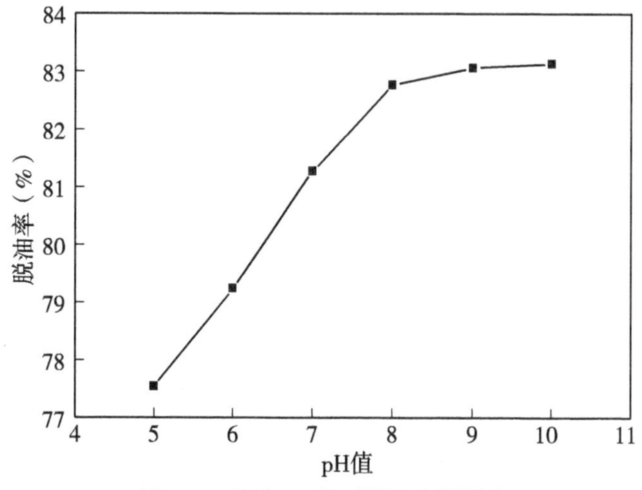

图 3–8　溶液 pH 值对脱油率的影响

（八）热洗次数

热洗处理过程中，为使含油污泥与药剂更好地融合，实现更充分的脱油，采用两次或多次热洗。改变热洗次数 1~4 次，考察其对脱油率的影响，结果如图 3-9 所示。当热洗次数为 1 时，脱油率为 82.14%；当热洗次数为 2 时，脱油率达到 83.91%；随着热洗次数的增加，脱油率不再明显增加。从节约能源和时间的角度考虑，确定热洗次数为 2 次。

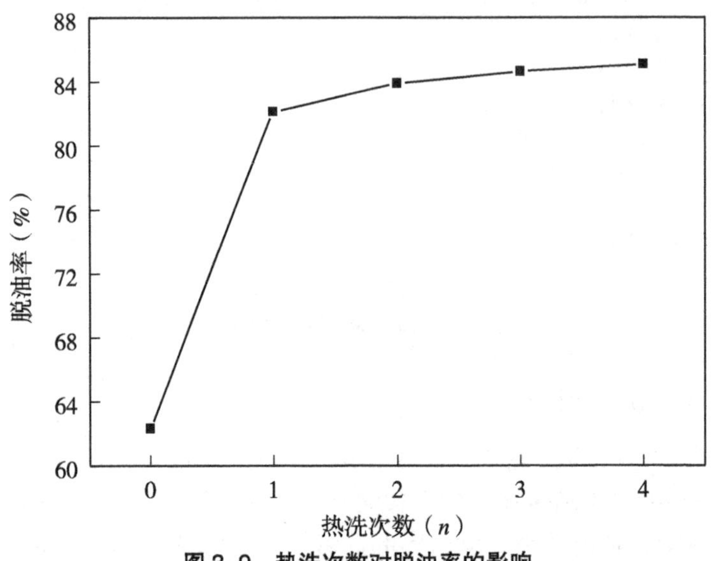

图 3-9　热洗次数对脱油率的影响

三、不同药剂对热洗效果的影响

通过使用不同药剂对含油污泥进行热洗处理，结果对比如图 3-10 所

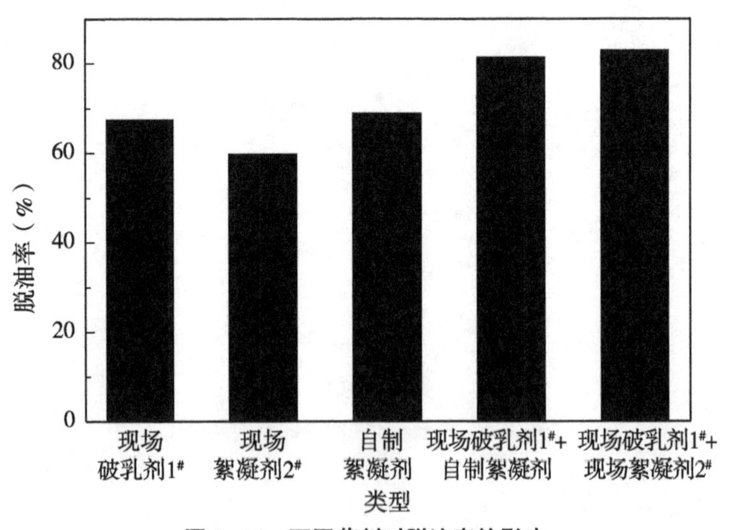

图 3-10　不同药剂对脱油率的影响

示。实验室自制絮凝剂为以环氧氯丙烷、三乙醇胺为主要原料，加入交联剂三乙烯四胺所制备的有机阳离子絮凝剂。

在投加药剂对含油污泥进行调质时，复合洗涤剂比单一药剂的洗涤效果好，使用现场破乳剂 1# 和自制絮凝剂，脱油率可达 82.83%。由此可见，除了优化热洗过程的工艺条件外，对所投加化学药剂的选择也至关重要。

四、热洗法机理分析

（一）热分析

对热洗前后的含油污泥进行热重（TG）分析。含油污泥处理前后的 TG 对比曲线如图 3-11 所示。经热洗处理后含油污泥性状发生了较大改变。初温至 120℃：失重缓慢，主要是含油污泥中的自由水挥发导致，处理后的含水率降低，这表明热洗脱除了自由水。120~260℃：失重快速，由于污泥中低沸点轻质油分受热挥发，以及细胞内含有大量结合水的微生物平衡被破坏，导致含油污泥失重，处理后累计失重率为 4.2%，较处理前失重率 5.8% 有所降低，这表明经热洗处理后，油泥中的结合水析出，原油开始被脱除。260~500℃：失重剧烈，处理前油泥失重率为 22.9%，为主要失重阶段，由于温度升高，原油中的重质油和大量挥发性芳香烃类有机物受热分解，产生低分子烃类。热洗处理后的失重率为 11.1%，这说明热洗脱除了含油污泥中的大量原油。500℃以上：失重平缓，此时为污泥中固定碳燃烧反应阶段，以及污泥中的矿物质受热分解引起。

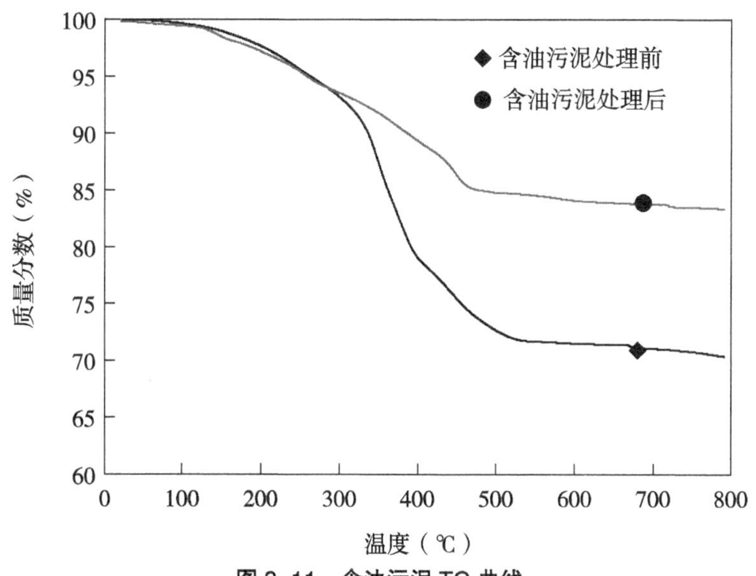

图 3-11　含油污泥 TG 曲线

（二）SEM 电镜分析

对含油污泥样品进行微观结构形态分析。图 3–12、图 3–13 为处理前后含油污泥的扫描电镜对比情况。含油污泥处理前微观结构无规则，颗粒排列较为松散，颗粒与颗粒之间孔洞较多，含有一定量水分，表面较为粗糙。而经药剂及加热搅拌处理后，污泥微观结构明显变化，油泥骨架结构被破坏，处理后絮体结构排列较紧密，颗粒较大程度聚集。由于强化加热促使颗粒热运动加剧，污泥性状发生改变，其黏度降低，流动性增强，搅拌产生的剪切力，促使油相从颗粒表面较容易地脱落，污泥内部结合水得以释放，这表明热洗法有利于提高含油污泥脱水程度及降低含油率。

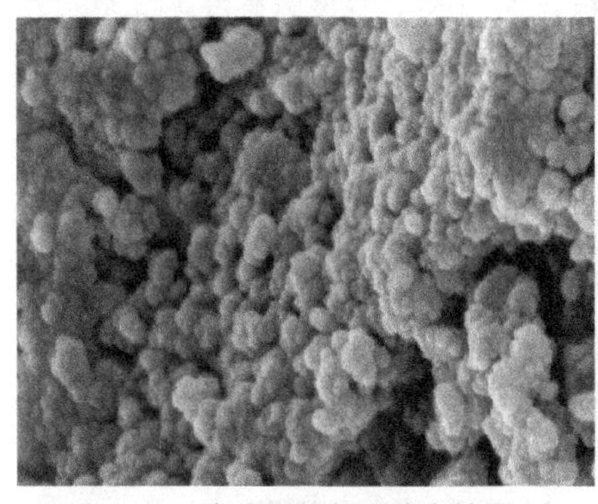

图 3–12　含油污泥处理前电镜图（放大 1200 倍）

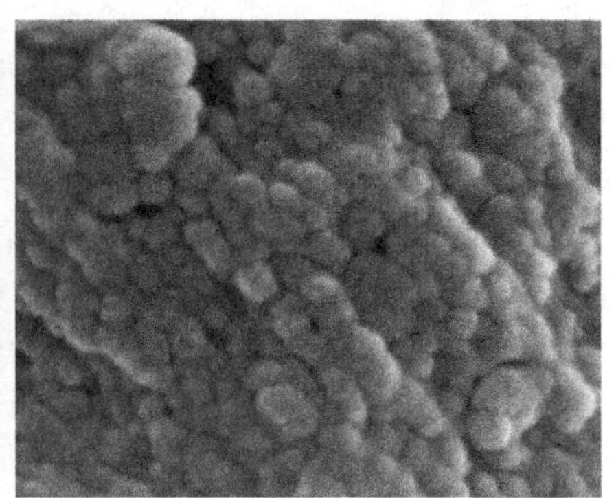

图 3–13　含油污泥处理后电镜图（放大 1200 倍）

五、结论

在含油污泥热洗法处理中，按照 1 ∶ 4 的固液质量比加入清水，并采用现场破乳剂 1# 和絮凝剂 2# 复配进行调质，确定了热洗最佳工艺条件：热洗温度为 50℃，pH=8 的条件下，以 140r/min 的强度搅拌 30min，热洗 2 次。最佳热洗条件下，通过投加不同洗涤液处理含油污泥，结果表明：现场破乳剂与实验室合成絮凝剂复配对含油污泥处理效果最佳，油泥的脱油率达到 82.83%。热分析结果表明：经热洗法处理后，含油污泥中的水分、重质油及芳香烃等有机物被脱除。扫描电镜结果表明：处理后的污泥结构改变显著，颗粒形态致密，絮体团聚性增强，热洗法有利于污泥脱水除油。

第三节　石化吸附剂及其脱硫机理

由于石化污泥含有一定的矿物油，其组成成分主要有烃类、胶质及沥青质等，可通过炭化反应将其制成价格低廉的含炭吸附剂，以综合利用废物，有研究者利用石化污泥进行生产除油吸附剂的研究，制备的吸附材料可有效吸附水面原油。

一、吸附剂的制备

（一）制备方法

热解炭化法：将含水率较高的扬子石化公司污水厂剩余污泥放入烘箱，在105℃下烘24h后，得到含水率低于10%的干污泥。在不锈钢加热管中装填干污泥约30g，置于SK-2-10型高温管式电阻炉中进行热解，热解时利用氮气隔绝空气，加热速率控制5℃·min^{-1}。热解温度为550℃，时间1h，研磨并过筛，得到0.71~0.84mm粒径的产物，即得到石化污泥吸附剂。

物理活化法：取热解炭化污泥通入水蒸气（流量约为200mL·min^{-1}），于850℃活化2h，烘24h，研磨并过筛，得到0.71~0.84mm粒径的产物。

化学活化法：取干污泥按固液比1∶2.5加入5mol·$L^{-1}ZnCl_2$溶液，室温放置24h，去除上层悬浮液后烘24h，于550℃热解2h，用3mol·$L^{-1}HCl$和去离子水漂洗，烘24h，研磨并过筛，得到0.71~0.84mm粒径的产物。

物理化学活化法：取化学活化产物，同时通入氮气与水蒸气，于850℃活化2h，烘24h。

（二）分析方法

污泥含水率、灰分测定依据GB 7702—1997；污泥吸附剂得率利用重量法计算（产物与实验干污泥重量比值）；分别采用COULTER3100比表面积分析仪、INCA-300X射线能谱仪、BRUKER D8X粉末衍射仪、SHIMADZU热分析仪进行性质测定。

（三）不同原料、方法制备活性炭吸附剂的性质

采用HW、SW及YW，不同方法制备的活性炭吸附剂碘值及得率测定结果如表3-2所示。不同污泥原料采用化学活化法制备的产物碘值最高，性能最好。

表 3-2　活化方法及原料的对比

活化方法	原料	碘吸附值（$mg \cdot g^{-1}$）	得率（%）
炭化	YW	5.50	50.5
物理活化		13.15	50.4
化学活化		332.09	51.1
物理化学活化		277.81	53.8
炭化	HW	8.80	42.9
物理活化		10.39	41.6
化学活化		432.22	45.9
物理化学活化		333.81	43.8
炭化	SW	6.90	56.3
物理活化		6.59	62.3
化学活化		303.79	70.8
物理化学活化		268.95	68.3
商品颗粒活性炭		473.16	—

注　化学活化所用活化剂 $ZnCl_2$ 浓度：$5mol \cdot L^{-1}$；固液比：1 ：2.5；温度：550℃；活化时间：2h。

（四）不同活化剂制备活性炭吸附剂的性质

采用 HW 及 SW，在相同制备条件下利用化学活化法制备吸附剂，不同活化剂筛选结果如表 3-3 所示。活化剂 $ZnCl_2$、K_2S、H_2SO_4 的活化效果相对较好。

表 3-3　不同活化剂的对比

原料	活化剂	碘吸附值（$mg \cdot g^{-1}$）	得率（%）
HW	$ZnCl_2$	432.22	45.9
	H_2SO_4	83.50	38.9
	H_3PO_4	5.97	29.8
	KOH	2.90	31.8
	$AlCl_3$	1.36	34.8

续表

原料	活化剂	碘吸附值（mg·g^{-1}）	得率（%）
SW	$ZnCl_2$	303.79	70.8
	H_2SO_4	79.85	65.3
	H_3PO_4	3.59	58.9
	KOH	1.36	54.1
	$AlCl_3$	1.82	52.1
YW	$ZnCl_2$	332.09	51.1
	H_2SO_4	53.62	64.3
	H_3PO_4	6.35	79.7
	KOH	1.20	52.4
	$AlCl_3$	0.14	68.8

（五）复配实验制备活性炭吸附剂的性质

将 5mol·L^{-1}$ZnCl_2$ 与相同浓度的 H_2SO_4 复配作为活化剂，不同比例的 $ZnCl_2$ 与 H_2SO_4 复配活化剂制备的吸附剂性质测定结果如表 3–4 所示。$ZnCl_2$ 与 H_2SO_4 复配活化剂制备的吸附剂性能较好，二者最佳复配比例为 2 ： 1。

表 3–4　不同复配比例的对比

原料	$VZnCl_2$ ： VH_2SO_4	碘吸附值（mg·g^{-1}）	得率（%）
HW	3 ： 1	489.64	52.9
	2 ： 1	596.58	51.8
	1 ： 1	349.86	45.9
	1 ： 2	318.31	41.5
	1 ： 3	249.62	38.6
SW	3 ： 1	375.63	68.7
	2 ： 1	438.31	67.5
	1 ： 1	213.56	63.4
	1 ： 2	179.63	60.8
	1 ： 3	123.45	56.8

续表

原料	$VZnCl_2$ ：VH_2SO_4	碘吸附值（mg·g⁻¹）	得率（%）
YW	3 ：1	309.60	88.1
	2 ：1	488.02	86.6
	1 ：1	296.30	76.9
	1 ：2	238.96	72.4
	1 ：3	188.28	68.6

二、吸附剂性质表征

（一）比表面积及孔结构

对比商品活性炭进行了比表面积及孔结构测定，结果如表 3–5 所示，孔径分布曲线如图 3–14 所示。石化污泥吸附剂孔径分布较宽，平均孔径较大，微孔所占比例较小，以过渡孔结构为主，比表面积较小。商品活性炭孔径分布较窄，主要为微孔结构，比表面积相对较大。

表 3–5　吸附剂孔结构参数

吸附剂	孔体积（$mL \cdot g^{-1}$）	微孔体积（$mL \cdot g^{-1}$）	平均孔径（nm）	比表面积（$m^2 \cdot g^{-1}$）
污泥吸附剂	0.06	0.02	34.81	114.25
商品活性炭	0.10	0.07	18.27	633.39

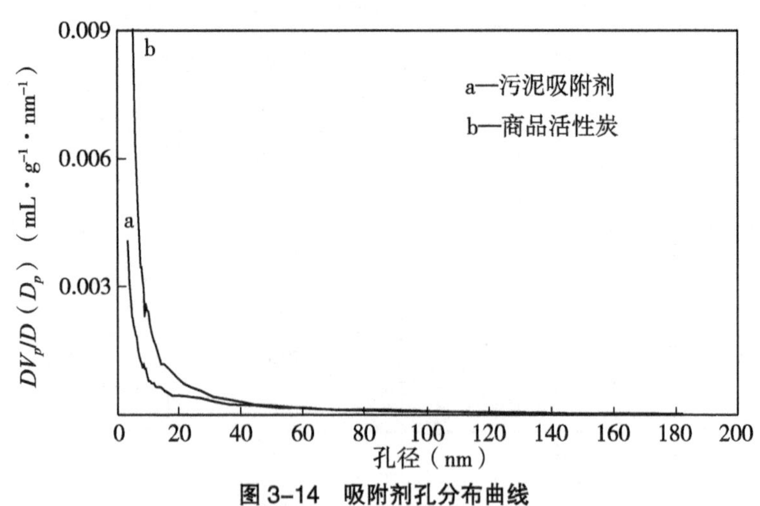

图 3–14　吸附剂孔分布曲线

（二）元素分析

对比商品活性炭进行了元素分析，结果如表3-6所示。石化污泥吸附剂由碳和无机组分组成，无机组分主要为各种金属氧化物与盐类物质，石化污泥吸附剂无机组分含量高于商品活性炭。

表3-6　吸附剂元素含量（%）

吸附剂	C	O	Si	Al	Fe	Ca	Mg	K	Na	Ti	Mn	S	P
污泥吸附剂	42.2	32.3	8.3	5.1	3.6	2.0	0.5	0.7	0.4	0.3	0.4	2.2	2.1
商品活性炭	70.9	23.0	2.2	1.7	0.9	1.0	0.1	0	0	0	0	0.2	0

（三）XRD分析

对比商品活性炭，XRD谱图如图3-15所示，可以看出商品活性炭为无定形炭，而石化污泥吸附剂为六方晶形结构的微晶炭。

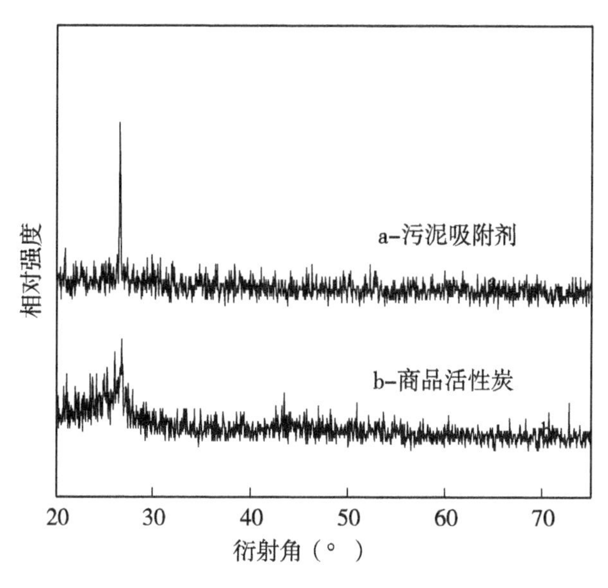

图3-15　吸附剂XRD曲线

（四）热分析

热分析结果如图3-16所示，由TG曲线可以看出，石化干污泥在200~600℃时失重（约为50.0%），同时DTA曲线对应的温度下也有明显的放热峰（约为 7.4kJ · g^{-1}），失重成分主要是污泥中的有机挥发组分及重质油。

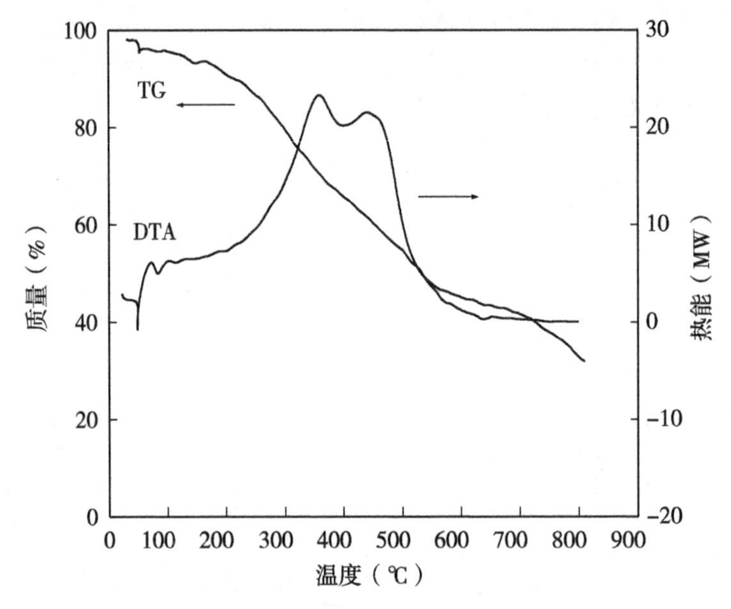

图 3–16　污泥热分析曲线（10℃ · min^{-1}）

三、吸附模型及吸附机理

（一）等温吸附模型

Freundlich 吸附模型拟合结果如表 3–7 所示。拟合效果较好，能准确地描述平衡数据。

表 3–7　吸附模型拟合结果

等温吸附方程	SO_2—O_2—N_2 体系吸附常数	SO_2—O_2—$H_2O_{(g)}$—N_2 体系吸附常数
$q_\infty = K_m C_e^m$	K_m=2.8454	K_m=12.8339
	m=1.2284	m=0.2696
ΔH	r_2=0.9939	r_2=0.9926
	−20.2kJ · mol^{-1}	−63.2kJ · mol^{-1}

（二）吸附热

根据范德霍夫方程计算吸附热，即吸附反应的焓变ΔH，结果如表 3–7 所示。

$$\ln K_m = \frac{-\Delta H}{R} \cdot \frac{1}{T} + C$$

由此可知吸附过程为放热过程，SO_2—O_2—N_2 体系的吸附热值与 80℃时 SO_2 的汽化潜热 22.7kJ · mol^{-1} 接近，表明干态下石化污泥吸附剂对 SO_2 以物理吸附为主，吸附质的存在形式主要为 SO_2。SO_2—O_2—$H_2O_{(g)}$—N_2 体系的吸附热值是 SO_2 汽化潜热的 2.8 倍，属于比较典型的化学吸附热数值，表明在有水蒸气的条件下，石化污泥吸附剂对 SO_2 以化学吸附为主。

（三）吸附机理

1. 红外光谱分析

傅立叶红外光谱法是研究气固催化剂表面反应机理的有力工具，石化污泥吸附剂吸附 SO_2 前后的红外光谱如图 3-17 所示。

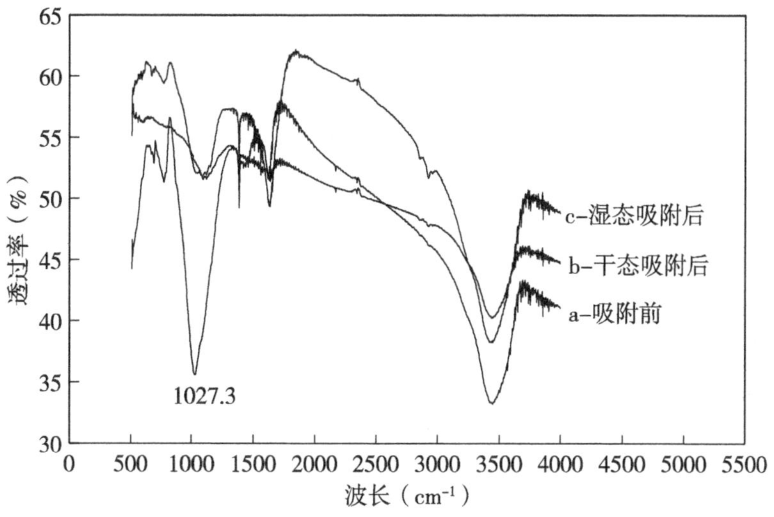

图 3-17 石化污泥吸附剂红外光谱

SO_2 在吸附剂表面存在两种吸附形态，一种是以范德华力等弱作用力吸附在含碳基质表面的物理吸附；另一种是以化学形式吸附在表面发生催化氧化反应。由图 3-17 可知，干态吸附后在波长为 1121cm^{-1} 处出现了较小的吸收峰，为 SO_2 的吸收峰，这表明干态以物理吸附为主，没有发生氧化反应，且吸附量较小。水蒸气存在时，吸附后在波长为 1027.3cm^{-1} 处出现了较强的磺酸基特征吸收峰，这表明以化学吸附为主。

有研究表明，污泥吸附剂中的金属氧化物及盐类物质对 SO_2 吸附过程具有一定的促进作用，石化污泥吸附剂中的无机组分在湿态脱硫过程中起到了一定的催化作用，促进了 SO_2 的催化氧化过程，增强了其脱硫效果。

2. 吸附参数

总硫量 T_s、化学吸附量 C_s、物理吸附量 P_s 及平衡吸附量 q_∞ 计算结果如表 3-8 所示。

表 3-8　石化污泥吸附剂吸附参数

材质	T_s（$mg \cdot g^{-1}$）	C_s（$mg \cdot g^{-1}$）	P_s（$mg \cdot g^{-1}$）	q_∞（$mg \cdot g^{-1}$）
SO_2—O_2—N_2 体系	7.69	0.07	7.62	9.98
SO_2—O_2—$H_2O_{(g)}$—N_2 体系	10.71	9.68	1.03	15.20

由表 3-8 可知 SO_2—O_2—N_2 体系石化污泥吸附剂表面化学吸附量较小，这表明对 SO_2 以物理吸附为主。因此，干态下氧化反应不能进行，SO_2 不能被催化氧化为 SO_3。石化污泥吸附剂表面上吸附的 O^{2-} 的氧化性得以体现的必要条件是必须有能够提供质子的物质存在，如 H_2O 等。湿态下 SO_2 先与 H_2O 结合变成 H_2SO_3，再氧化为 H_2SO_4，按照反应方程 $SO_2 \cdot H_2O + H_2O_2 \rightarrow 2H^+ + SO_4^{2-} + H_2O$ 进行的。

第四节　调质—机械分离技术处理油田含油污泥

调质—机械分离法是将污泥通过一定手段调整固体粒子群的性状和排列状态，使之适合机械分离处理，从而显著改善脱油效果。采用调质—机械分离法，对含油污泥进行综合调质，考察了调质方式对污油回收效果的影响，确定调质条件，此法回收了资源、减轻了环境污染。

一、破乳剂调质及其影响因素的确定

根据破乳剂的剥离和乳化作用，对破乳剂进行筛选，通过实验现象及其脱油效果，筛选效果较好的 SP 和 9921 型破乳剂进行实验。

（一）破乳剂加量对脱油率的影响

加热温度 50℃，连续搅拌 5min，破乳剂 SP 和 9921 的用量对脱油率的影响结果如图 3-18 所示。

当破乳剂 SP 加量在 20mg/L 时，脱油率达到最高，而破乳剂 9921 加量在 30mg/L 时，脱油率达到最高；综合两种破乳剂对脱油量的影响，破乳剂用量较少时，破乳剂分子以单体形式吸附在相界面，脱油率与加量成正比，此时油水界面张力随破乳剂的增加而迅速下降，脱油率也逐渐增大。当破乳剂的加量增大到某值时，界面吸附趋于平衡，此时界面张力几乎

不再下降，脱油率也基本达到最大。若再增加破乳剂用量，破乳剂分子开始聚集形成团簇或胶束，反而使界面张力有所上升，脱油率可能会下降。因此，破乳剂用量均有最佳值，选定破乳剂 SP，用量为 20mg/L。

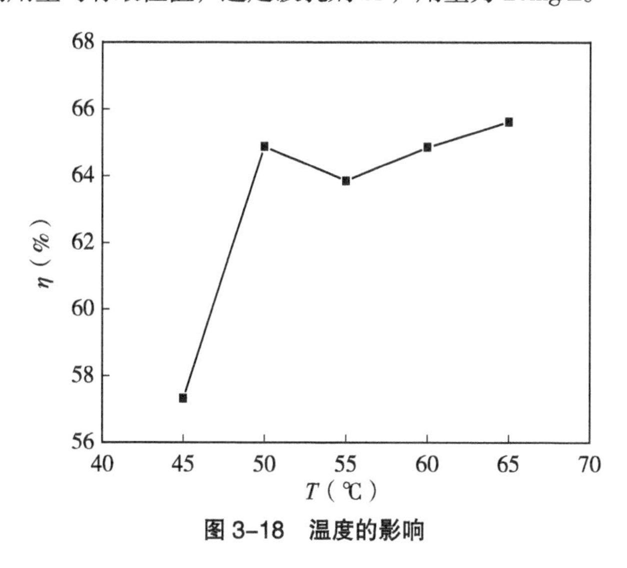

图 3-18　温度的影响

（二）加热温度对脱油率的影响

在实验条件一定的情况下，温度对脱油率的影响结果如图 3-18 所示。温度是影响含油污泥脱油效果的一个主要因素，随着温度的升高，脱油率不断提高，因为颗粒的热运动加剧，增加了颗粒间的碰撞，使相界面破裂，同时加热可使外相黏度降低，易使聚集的油滴上浮，有利于污泥的调质脱油，从节约能源的角度考虑，适宜的温度为 50℃。

（三）搅拌时间对脱油率的影响

搅拌时间对脱油率的影响实验结果如图 3-19 所示。搅拌时间也是含油污泥处理的主要影响因素，搅拌可以加速含油污泥表面泥沙的脱落，有利于油滴从含油污泥中分离，使油滴更快地浮在水面上层，随着搅拌时间的增加脱油率也随之增加，最佳的搅拌时间为 5min。

二、污泥调质用絮凝剂的确定

由于污泥颗粒本身带负电荷，相互间排斥，絮凝剂加入后降低粒子的 ξ 电位，使粒子相互吸引形成絮团，絮凝剂本身的吸附架桥作用又把许多絮状物吸附起来，形成更大的颗粒，在离心力的作用下油滴上浮，泥相下沉。

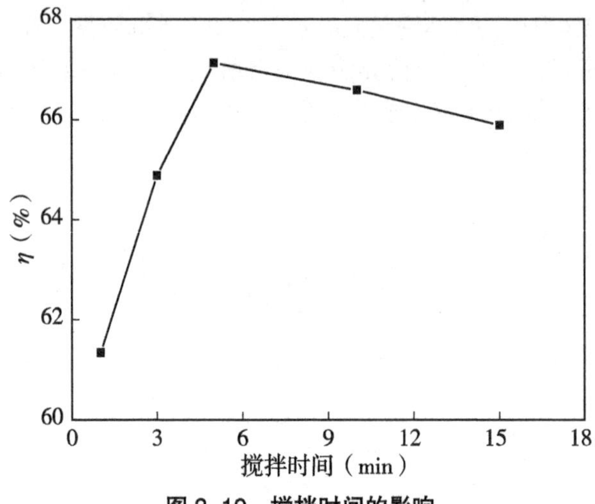

图 3-19　搅拌时间的影响

（一）絮凝剂的筛选

含油污泥经破乳加热搅拌后，可以使油相上浮，为了使泥相更快下沉，水相澄清，可加入絮凝剂进行综合调质，在相同条件下，污泥调质用絮凝剂的筛选结果如表 3-9 所示。

表 3-9　调质用絮凝剂的筛选

絮凝剂	NXJ-3	FX-99	PAC	CPAM	明矾	硅藻土	PSAC
相界面	整齐	整齐	整齐	整齐	相对整齐	相对整齐	整齐
沉降速度	较快	较快	快速	快速	较快	缓慢	较快
透光率（%）	15.8	4.2	30.2	78.8	10	0.3	28.8
脱油率（%）	45.32	36.51	52.98	26.25	59.21	55.65	48.83

由表 3-9 可知，CPAM 使水的透光率达到最高，且颗粒沉降最快，明显优于其他絮凝剂，从调质效果上考虑选定 CPAM 作为调质用絮凝剂。而明矾和 PAC 的脱油效果相对较好。

（二）絮凝剂加量的影响

絮凝剂 CPAM、明矾、PAC 的用量对调质效果的影响结果如图 3-20、图 3-21 所示。由图 3-20 可知，当 CPAM 加量达到 2mg/L，脱油率达到最大，实验现象表明 CPAM 具有形成絮团速度快、絮团粗大等特点，随着 CPAM 数量增加脱油率下降，这是因为 CPAM 加量越多形成的絮凝体越黏稠，不利于脱油，加入药剂过少，电性中和少，吸附架桥作用较弱，污泥聚不成团，油、水、泥的分离效果不够好，亦不利于脱油。因此，絮凝剂 CPAM 加量为 2mg/L 脱油效果最佳。由图 3-21 可知，脱油率随明矾和 PAC 两种药剂的数量的增加而增加，明矾的加药量在 40mg/L 时脱油率达到最大，而 PAC 的脱油率在 50mg/L 时达到最高，从经济上和脱油效果确定较好的絮凝剂为明矾，其加量为 40mg/L。

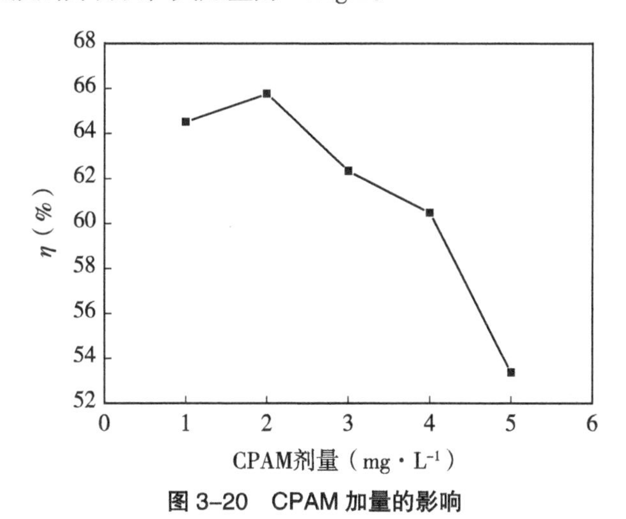

图 3-20 CPAM 加量的影响

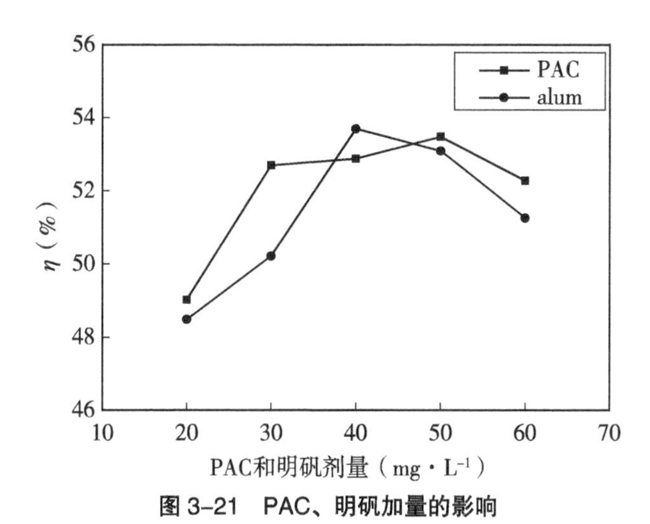

图 3-21 PAC、明矾加量的影响

（三）明矾与 CPAM 的复配

温度保持 50℃，连续搅拌 5min，将絮凝效果较好的明矾与 CPAM 进行复配，明矾与 CPAM 的复配对脱油率的影响结果如图 3-22 所示。明矾加量 40mg/L 与 2mg/L 的 CPAM 复配使脱油率达到了 78.91%，由此可知，复配调质较单一絮凝剂调质脱油率有较大提高，因此，二者复配调质更有利于含油污泥脱油。

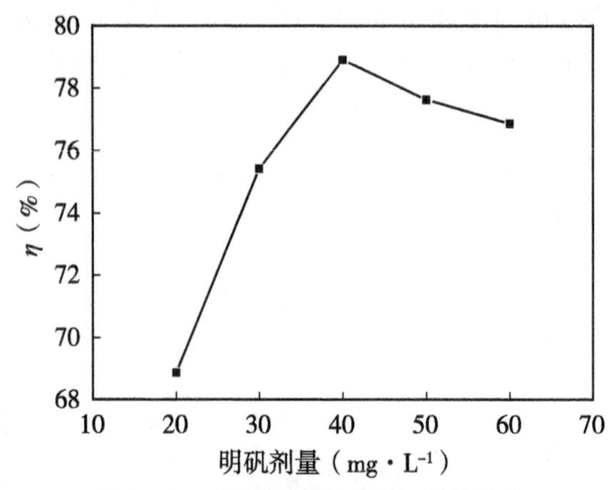

图 3-22　复配调质中明矾加量的影响

三、离心条件对脱油率的影响结果

在调质—机械分离方法中，适宜的操作参数可提高离心机的脱油效果，含油污泥离心脱水时，主要影响因素是离心时间和离心速度。离心时间对脱油率的影响结果如图 3-23 所示。离心时间为 20min 时脱油量达到峰值，达到峰值后脱油率随离心时间延长提高的并不明显，因此最佳离心时间为 20min，此时脱油率达到最高。

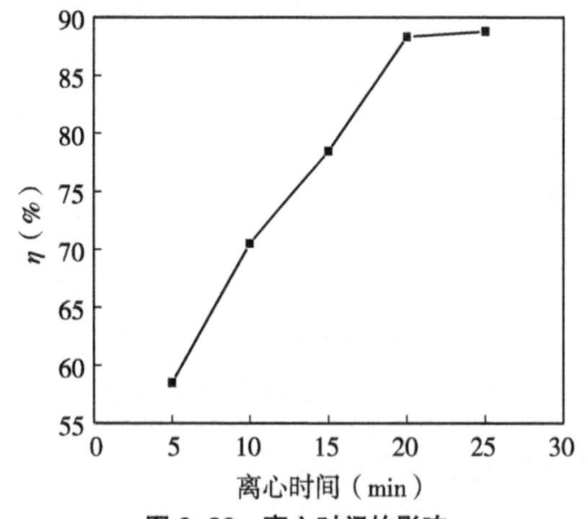

图 3-23　离心时间的影响

离心转速对脱油率的影响结果如图 3-24 所示。随离心转速增加脱油率呈增加趋势，这是因为转速越高，油水所受离心力越大，离心沉降速度越快，分离效果越好，含油污泥的脱油量也随之增加，但当离心速度达到一定数值时，脱油量会达到峰值。达到峰值后随离心速度的增加脱油量变化不大，因此最佳离心速度为2500r/n，此时脱油率达到了90.96%。

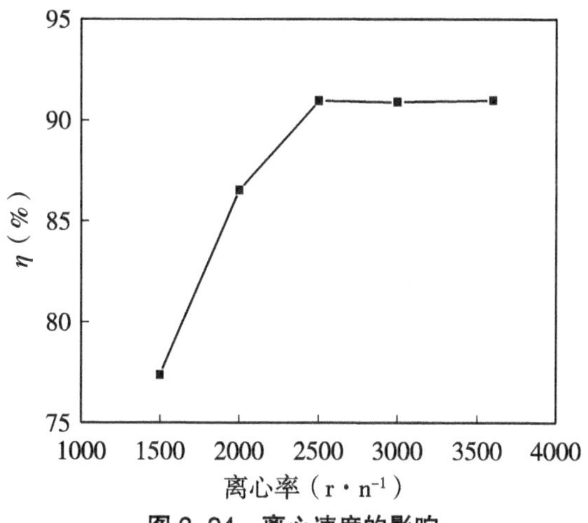

图3-24　离心速度的影响

第四章　油田压裂液处理技术

对于油气井的增产而言，水力压裂是一项关键的技术。在一些低渗透的油气藏中，这种技术经常被用于增产改造。近年来，在一些中、高渗油气藏中，水力压裂技术也得到了很好的应用。

第一节　水力压裂增产原理与压裂液简介

一、水力压裂技术增产原理

油气藏在地底自身能量释放完毕，很难再向上喷射，抽油井抽气油气非常困难。因此，这个时候，向地底注射超过地层吸收能力的高黏液体，提升地底的压力，在井底形成高压能量。当这个压力远超地层应力和地层抗张力时，井底附近的地层就形成了新的裂缝，继续注入带有支撑剂的携砂液，裂缝则不断延伸，关井后裂缝闭合。这个工艺的目的是在地层内形成具有一定尺寸和导流能力的填砂裂缝。

导流能力是指形成的填砂裂缝宽度与缝中渗透率的乘积代表填砂裂缝让流体通过的能力。

水力压裂增产的原理如图 4-1 所示。

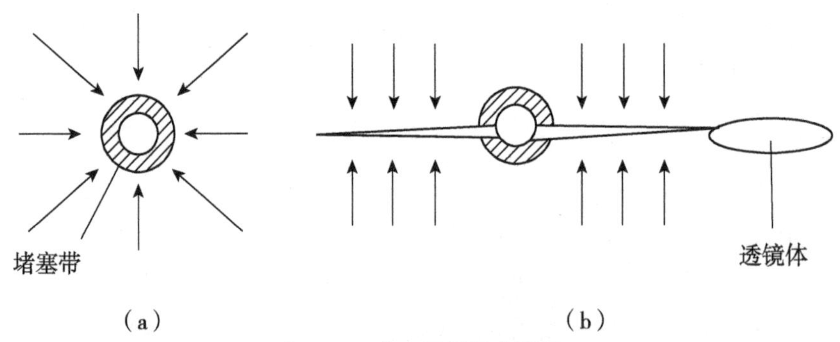

图 4-1　水力压裂增产原理

（1）为了能够提升原油的导出能力，填砂裂缝的导流能力要比原来的导流能力大得多，大到几倍甚至几十倍，为原油增产奠定基础；

（2）压裂增产以后流向方式从原来的径向流动转变为双线性流动，从而增加了原油的流动截面，减小了原油的流动阻力；

（3）裂缝能够沟通独立的裂缝系统，增加新的原液来源；

（4）裂缝能够穿透采油过程中的污染堵塞，因而显著增加油液的产量。

二、压裂液

对油田压裂技术来说，压裂液的性能是影响原油压裂的一个主要因素。

（一）压裂液的性能

1. 油田压裂液构成

油田压裂液是多种设备的总称，在不同阶段，油田要使用不同类型的压裂液。总的来说，压裂液可以划分为以下三种：

第一，油田压裂前置液。这种压裂液的作用是造成一定尺寸的裂缝，方便后面的携砂液构成。在地底，温度非常高。前置液还具备一定的降温作用。在一定情况下，油田有时为了提高工作效率，前置液中还会增加一定量的细砂，堵塞地层中出现的微小细纹，从而提高前置液的工作效率。多数情况下，油田压裂液使用的是未交联的溶胶。

第二，携砂液。油田使用携砂液的目的是把支撑剂填入前置液制造的裂缝上。油田会使用大量的携砂液。携砂液和其他压裂液的作用一样，都能够造缝及对地层进行冷却。

携砂液因为要携带大量的裂缝支撑剂，因此必须使用交联的压裂液。

第三，顶替液。使用顶替液的目的是将携砂液送到预定的位置，并且能够起到预防砂子造成堵塞的作用。油井填注完携砂液之后，必须用顶替液将井中的携砂液替入裂缝中，提高携砂液的使用效率，同时防止井筒中沉砂造成堵塞。

2. 油田压裂液的性能

在不同阶段，压裂液都有不同的使用要求。在一次施工中，压裂液可能会根据不同的情况使用多种以上的性能，同时还要使用不同类型的添加剂，提升压裂液的使用效率。使用较多的前置液和压裂液，必须具备一定的造缝能力，并且使裂缝具备足够的导流能力。因此，油田为了获得较好的压裂效果，使用的压裂液必须具备以下能力：

第一，压裂液的过滤损失较少，达到造长缝和宽缝的目的。

第二，携砂液的悬砂能力较强。油田携砂液的悬砂能力和携砂液的黏度有较大的关系。高黏度对于支撑剂在缝中的均匀分布非常有利。

第三，摩擦阻力较低。油田压裂液在管道中的摩擦阻力越小，则在同样的设备功率下，用于造缝的有效功率越大。压裂液的摩擦阻力过高会导致施工的压力过高，有可能限制压裂施工。

第四，压裂液的物理稳定性。由于地层的温度很高，如果压裂液的稳定性较差，过高的温度必然降低压裂液的使用效率。同时，压裂液在井筒中和地层中要快速流动，稳定性上必须要求压裂液能够抗剪切，不能因为流速增加而产生大幅降解。

第五，油田压裂液的化学稳定性。压裂液要在油层中同不同类型的矿物相互接触，不应产生不利于油气的物理—化学反应。

第六，低残渣。油田压裂液要尽可能地降低压裂液的不溶物数量，避免降低油气层填砂裂缝的渗透率。

第七，容易排出井筒。在油田压裂施工结束以后，油田压裂过程中注入的液体能够排出井外，减少压裂液的损害。油田压裂的排液越完全，则油田压裂过程中的增产效果就越好。

第八，油田压裂液的货源很广，容易配制。随着油田开采的进程，油田要使用大量的压裂液。因此，压裂液价格便宜有利于降低油田压裂施工费用。

（二）油田压裂液的使用类型

当前油田常用的压裂液主要有水基、酸基、油基和乳状等类型。为了减少对油田采油的污染，近年来主要研发了一些清洁压裂液。

1. 油田水基压裂液

水基压裂液主要是使用水溶胀性聚合物。这种聚合物在使用过程中要经过交联剂交联形成冻胶。常用的成胶剂主要有植物胶、纤维素衍生物以及合成聚合物。交联剂主要有硼酸盐、钛、锆等有机金属盐。在施工结束后，水基压裂液还要进行破胶，常用的破胶剂主要有硫酸铵、高锰酸钾等。

2. 油基压裂液

对于一些水敏性油层来说，如果使用水基压裂液则会促使黏土膨胀对压裂效果产生影响。因此，这种地层常常使用油基压裂液。矿场或者原油厂使用的黏性成品都可以作为油基压裂液。但是这种压裂液的悬砂能力较差，达不到压裂液的性能要求。目前常用的油基压裂液多是稠化油。这种压裂液的基液是原油、汽油、柴油等。使用的稠化剂多是脂肪酸皂（脂肪酸铝皂和磷酸酯铝皂）。这种压裂液的最高砂比可达到30%。稠化油压裂液遇到地层水之后会自动破胶，因此无须加入破胶剂。

油基压裂液一般应用在水敏性地层。这种压裂液的缺陷是材料价格昂贵，而且施工难度很大。

3. 泡沫压裂液

泡沫压裂液是近年来研发出来的。这种压裂液的优点是易于返排、滤失较少、摩阻很低等，适用于低压低渗油气层中。这种压裂液的基液是淡水、盐水和聚合物水溶液。气相则是二氧化碳、氮气、天然气。发泡剂则是利用非离子型活性剂。泡沫的干度为65%~85%。如果低于65%，泡沫压裂液的黏度太低，超过92%则容易不稳定。

泡沫压裂液的缺点是：

第一，井筒中的气－液的压降很低，压裂过程中需要注入较高的压力。超过2000m的油气层，泡沫压裂的施工难度很大。

第二，泡沫压裂液的携砂比较低，在使用高砂的时候，应该用泡沫压裂液携带低砂，然后泵入较高砂比的常规压裂液。

4. 清洁压裂液

清洁压裂液是一种新型的压裂液体系。这种压裂液的主要目的是解决压裂液对地层的污染，不含任何聚合物，因此通常可以称为无伤压裂液。这种表面活性剂的压裂液不需要破胶剂、破乳剂等化学添加剂。其本质是一种小分子，相对分子质量只有几百。因此和常规压裂液相比，清洁压裂液属于小分子反超。表面活性剂压裂液在水中完全溶解，不含有固相成分，对地层的滤饼和渗透率等不会造成伤害。

在实践中，经常使用的还有聚合物乳状液、酸基和醇基压裂液。不过这些压裂液只适合特定的矿场。

三、压裂设计

在实践中，油田压裂设计是油田压裂施工的一个指导性文件。油田压裂设计要根据地层的条件和设备选择出可行的增产方案。由于地层的复杂性以及当前的理论研究限制，压裂设计的结果和实际情况还是有一定的差别。因此，随着压裂设计的水平不断提升，人们对地层破裂的认识更加深入，压裂设计的方案还会有所改善。

在实践中，设计之前必须对油藏的压力、地层的渗透性和水敏性等物理参数有一定的认识，并且能够以这些认识作为基础设计裂缝参数来确定压裂的规模。在设计加砂方案过程中，必须对设备能力限制有一定认识，尤其是深井破裂压力。

压裂设计中，基本原则是最大限度地提升油层潜能和裂缝的作用，使得压裂后的井能够达到最佳状态，并且要求压裂井的有效期较长。因此，油田压裂设计的基本方法是依据油层的特性，获得最大产量或者经济效益。在选择裂缝几何参数的时候，应设计合适的加砂方案，主要包括裂缝参数的优选与设计、压裂液的类型以及配方的选择，支撑剂选择和压裂效果预测等。设计中还必须对压块整体压裂设计进行动态分析。

（一）裂缝的几何参数模型

几何参数确定是压裂设计的基础。从20世纪50年代开始，人们就相继发展出了多种压裂的设计模型，并且对压裂液的性质、固－液两相流动和岩石的破裂与延伸进行了深入设计。压裂设计的模型也越来越接近实践活动。目前，压裂设计实践中常用的模型主要有二维模型、三维仿真模型和真三维模型。这些模型的差别假定裂缝的扩展以及流动方式存在明显不同。二维模型通常假定裂缝的高度是一个常数。三维仿真和真三维模型则假设缝高是沿着缝长方向变化的，不同的是沿着猎房长度进行变化。三维仿真假定缝内是一维流动，真三维模型则假定缝长和缝高方向是流动的。当前设计实践中常用的主要是二维模型和三维仿真模型，主要是因为真三维模型对于地层的力学资料要求较高，而且这些资料是很难获得的。

1. 卡特模型

1957年，卡特在考虑液体渗透的条件下，设计了裂缝的面积公式。如果裂缝的宽度假定，则可以获得裂缝大半径和垂直裂缝的宽度。卡特模型的基本假设主要有以下五个方面：

第一，裂缝的宽度是相等的；

第二，压裂液能够从缝壁面垂直进入地层；

第三，缝壁上的过滤损失速度取决于此点暴露在液体中的时间；

第四，缝壁各点的速度是相同的；

第五，裂缝各个点的压力是相同的，数值等于井底的延伸压力。

基本方程：

$$A(t)=\frac{QW}{4\pi C^2}\left[\mathrm{e}^{x^2}\cdot\mathrm{erfc}(x)+\frac{2x}{\sqrt{\pi}}-1\right]$$

$$x=\frac{2C\sqrt{\pi t}}{W}$$

式中：$A(t)$——裂缝单面面积，m^2；

Q——排量，m^3/min；

W——平均缝宽，m；

C——综合滤失系数，$m/\sqrt{min}$；

t——施工时间，min。

式中，$erfc(x)$是x的误差补偿函数，可查表（数学手册），或用下式近似计算：

$$e^{x^2}\cdot erfc(x)=0.254829592\,Y-0.284496736\,Y^2+1.42143741Y^3-1.453152027Y^4+1.06140429\,Y^5$$

$$Y=\frac{1}{1+0.3275911x}$$

假如已知缝高是H，裂缝是对称于井轴的，则缝长可以简单化为：

$$L=\frac{A}{2H}$$

对于水平裂缝，裂缝半径R（m）为：

$$R=\sqrt{\frac{A}{\pi}}$$

2. PKN 模型

PKN 模型是当前应用广泛的二维设计模型。该模型的基本假设主要有以下六个方面：

第一，岩石是一种弹性和脆性的材料。在作用于岩石的张力超过某一个极限值的时候，岩石则张开破裂；

第二，缝高在整个缝长方向上是不变的，也就在上下层受阻；造缝段全部射孔，一开始就压开整个地层；

第三，裂缝的断面是椭圆形，最大的缝宽在裂缝的中部，如图 4–2 所示；

第四，缝内的液体流动是层流；

第五，缝端的压力等于垂直于裂缝避免的总应力；

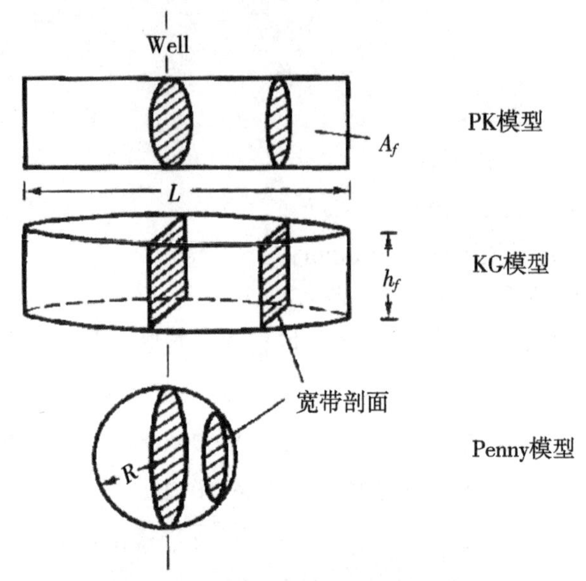

图 4-2　PKN，KGD 模型裂缝示意图

第六，不考虑压裂液的滤失。

在使用牛顿液体的情况下，裂缝的压力分布以及缝宽公式则是：

$$P_f(x) - P_c = \alpha \left[\frac{1}{60} \frac{\mu Q L E^3}{H^4 \left(1-\nu^2\right)^3} \right]^{\frac{1}{4}}$$

$$W_{\max} = 2\alpha \left[\frac{1}{60} \frac{\left(1-\nu^2\right)\mu Q L}{E} \right]^{\frac{1}{4}}$$

式中：$W_{\max}$——牛顿液层流条件下裂缝最大缝宽，m；

μ——压裂液黏度，Pa·s；

Q——量，m^3/min；

L——裂缝半长，m；

ν——岩石泊松比，无因次；

E——岩石弹性模量，Pa；

H——裂缝高度，m；

$\Delta P_f(x)$——裂缝内 x 点净压力，Pa；

$P_f(x)$——裂缝内 x 点压力，Pa；

P_c——裂缝闭合压力，Pa。

当 Q 取地面总排量时，α=1.5；当 Q 取地面排量之半时，α=1.26。

压裂液使用非牛顿液体的时候，裂缝的最大缝宽则是：

$$W_{\max}=\left[\frac{128}{3\pi}(n+1)\left(\frac{2n+1}{n}\right)^{n}\left(1-\nu^{2}\right)\left(\frac{1}{60}\right)^{n}\left(\frac{Q^{n}K_{f}LH^{1-n}}{E'}\right)\right]^{\frac{1}{2n+2}}$$

式中：K_f——缝流压裂液稠度系数，Pa · s^n，裂缝的平均宽度：

$$\bar{W}=\frac{\pi}{4}W_{\max}$$

在使用解析的方法求解裂缝的参数时，人们经常把卡特模型和 PKN 模型结合起来使用，设定一个缝宽，通过迭代的方式解 W 和 L。

（二）压裂效果预测

在压裂设计的时候，设计施工必须考虑到压裂后的油气井的产能。压裂的效果预测则有增产倍数和产量预测两种。垂直缝的增产倍数经常使用麦克奎尔—西克拉增产倍数曲线进行确定。水平缝则可以使用解析公式进行计算。因此，产量和压裂的累计增产量可以使用典型曲线拟合与数值模拟的方法。

1. 增产倍数计算

油田的增产倍数通常认为是压裂施工前后油气产量的比值。这个倍数通常和裂缝的参数相关。对于垂直压裂井，压裂后增产倍数可以使用麦克奎尔—西克拉增产倍数曲线进行确定。其中裂缝参数 L_f，K_f 和 $\bar{W}$ 则可以用设计的实验数值确定，地层的参数则使用试井和参数数据确定。这些参数可以通过查图的方法确定。

对于水平缝压裂，压裂前后的压力分布如图 4–3 所示。实线是压裂前的压力分布，虚线是压裂后的压力分布。水平缝的压裂增产倍数是：

$$PR=\left(\frac{K_fW_f}{Kh}\right)\left[\frac{\left(1+\frac{Kh}{K_fW_f}\right)\ln\left(\frac{R_e}{r_w}\right)}{\left(1+\frac{Kh}{K_fW_f}\right)\ln\left(\frac{R_e}{r_w}\right)+\ln\left(\frac{r_f}{r_w}\right)}\right]$$

式中：K_f——裂缝区内的平均渗透率；

K——油层渗透率；

h——油层厚度。

所有变量单位一致即可。

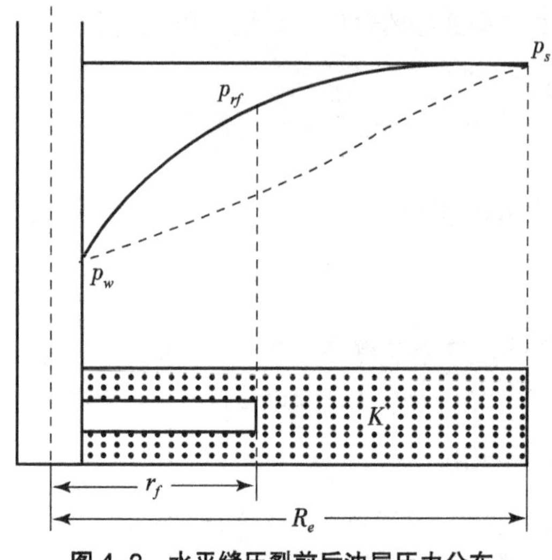

图 4–3　水平缝压裂前后油层压力分布

2. Agarwal 典型曲线预测压裂井产量

对于稳定的或者说相对稳定的生产油井来说，适用增产倍数法是可以的。但是对于低渗透地层压力后产生的不稳定原液，应用这种方法预测结果就会产生很大的误差。1979 年，Agarwal 用数值模拟的方法预测压裂井的产量变化情况，而且绘制了一个图版，说明预测压裂井的增产情况。具体如图 4–4 所示。

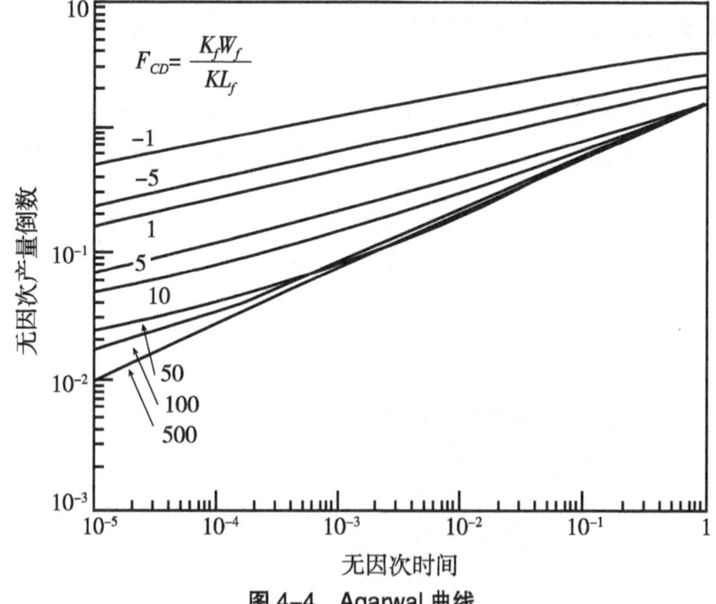

图 4–4　Agarwal 曲线

Agarwal 方法的基本假设有三个，分别是：

第一，油层流体可微压缩，而且黏度是一个常数；

第二，油层的导流能力稳定，可以视为一个常数；

第三，不存在井筒存储和井筒附近的油层损害，也就是视井筒产油情况较为稳定。

无因次时间：

$$t_{Dx_f}=\frac{0.03561Kt}{\phi\mu C_t L_f}$$

无因次产量倒数：

$$\frac{1}{q_D}=\frac{535.68Kh\Delta p}{q\mu B}\text{（油）}$$

$$\frac{1}{q_D}=\frac{1371.76Kh\left[\Delta\left(p^2\right)\right]}{q\mu B}\text{（气）}$$

无因次导流能力：

$$F_{CD}=\frac{K_f W_f}{KL_f}$$

式中：F_{CD}——无因次导流能力，无因次；

$K_f W_f$——裂缝导流能力，μm²·m；

L_f——裂缝半长，m；

K——储层渗透率，μm²；

t——生产时间，s；

h——油气层厚度，m；

Δp——生产压差，MPa；

q——油、气井日产量；

B——原油体积系数，小数；

T——油层温度，K；

Z——天然气压缩因子。

Agarwal 预测方法主要是因为给定生产实践的无因次时间确定的，最终确定q_D，然后通过无因次产量倒数公式确定油井产量。

这个方法虽然看起来非常直观，但是操作起来却很复杂，尤其是在使用内插法的时候会产生一定的误差。当无因次时间大于 1 时，无法使用查图的方法确定。针对这两种情况，可以采用以下两种方法，一种是把 Agarwal 回归成为多项式，另一种是采用数值模拟的方法预测。

第二节　压裂液处理技术

一、水力压裂用无聚合物压裂液

压裂后聚合物残渣残留在裂缝中，大大影响了压裂处理效果。在水力压裂作业之后返排液体的分析则表明，返排到地面的聚合物压裂液只占泵入量的30%~45%。留在地层的聚合物则会引起明显的支撑剂伤害，尤其是在使用锆基和钛基的交联剂时，这种危害非常突出。

运用黏弹性表面活性剂作为基液，使用聚合物压裂液已经成功应用在裂缝的填充层之内，因此将清洁压裂液应用在水力压裂中，有利于减少上文提到的伤害。黏弹性表面活性剂压裂液（VES）是在盐水中增加表面活性剂形成的一种低黏性阳离子凝胶液体。这种凝胶液体可以产生一种有助低黏状态的阳离子凝胶液体。黏弹性表面活性剂分子产生的胶束可以形成一种有助低黏状态的新型网络结构。VES由长链脂肪酸衍生出来的季铵盐组成，在盐水中，季铵盐分子形成独特的类似于蚯蚓状或杆状的胶束，这些胶束类似于聚合物链，能够卷曲，增大黏度。因为压裂液的黏度取决于胶束的性质，胶束结构发生改变，压裂液可以破胶，当压裂液暴露到烃液或由地层水稀释时便发生破胶，因此，无须常规破胶剂。理想的季铵盐压裂液的流变性能主要是由阴离子控制的。一般来说，增大盐的浓度可以提高最大使用温度。可以用有机阴离子代替部分或全部的无机阴离子。适当选择阴离子浓度可以使这种体系的最大使用温度提高到约115.6℃。在岩心中，暴露在黏弹性表面活性剂体系流体对液体滤失性尤为敏感，一个高黏度被形成于含盐水饱和岩心的入口附近，并非在有一些烃类饱和的岩心中。在硼酸盐液提供保留导流能力数值40%~60%的情况下，有VES流体的支撑剂充填导流能力通常大于90%。现场结果表明使用方便，操作简单，用这种流体能获得较高导流能力。

（一）胶束结构

利用低温透射电子显微镜（Cryo-TEM）检验盐水中黏弹性表面活性剂的胶束结构。对于这项研究4%（Vol）VES被添加到有3%NH_4Cl溶液的一个交互混合器中，混合搅拌约3min。在热水浴中放置合成胶脱氧。Cryo-TEM的样品是在控制环境玻璃系统（CEVS）中利用该胶体配制的。

在NH_4Cl盐水中用Cryo-TEM检验VES胶，说明VES是由高度卷曲似蚯蚓状或杆状的胶束和交叉桥连在一起，如图4-5所示。

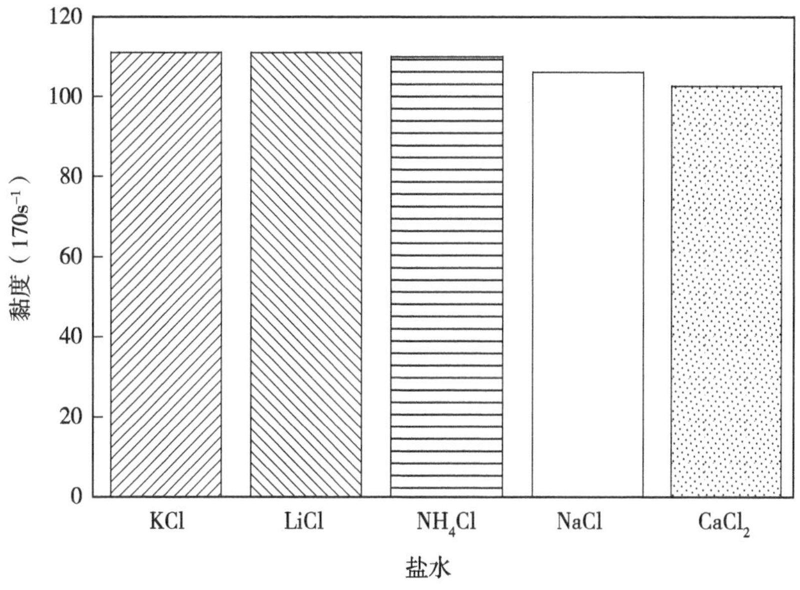

图 4-5 盐类对流体黏度的有效作用

（二）流变性

研究 VES 流体性能是在一个范氏 50 或范氏 35 型黏度和（或）往复式毛细管黏度计（RCV）上面测量它的流变性。在 26.7~121.1℃温度范围、有不同黏土稳定剂的情况下检验流体的流变性。表面活性剂用量的使用范围从 0.5%~4%（低浓度适于低温），取决于应用的温度。在一个典型实验中，表面活性剂的需要量是在交互混合器中加入 NH_4Cl 溶液 500mL。搅拌混合物直到出现闭合涡流为止。涡流面闭合的时间要求（2~5min），取决于表面活性剂用量。流体黏度是在水浴器中加热（到 80℃）流体约 1h 脱氧后检测。发现 VES 适合大多数有效的黏土稳定剂，如 KCl、NH_4Cl、$MgCl_2$ 和 $C_4H_{12}NCl$。在室温情况下含有 2% 表面活性剂的胶凝液对不同盐利用范氏 35 型测定的流变性作用。该流体性能依赖于阴离子浓度，和出现的阳离子类性质无关。当使用一特殊的阴离子类（如氯化物）的同样浓度，黏度是可比较的，如图 4-6 所示。图 4-6 说明不同盐浓度对 2%VES 流体流变性作用，该数据清楚地表明低盐浓度有利于低温，而高盐浓度却要求在高温下才有流体的稳定性。

图 4-7（a）~（c）表明了在有黏土稳定剂 NH_4Cl、KC1 和 $MgCl_2$ 的情况下，表面活性剂对流体的作用。较高的表面活性剂浓度趋向于产生较高的溶液黏度。在低温情况下，这种作用更引人注目。较高浓度的表面活性剂对使用温度的最大变化是无效的。

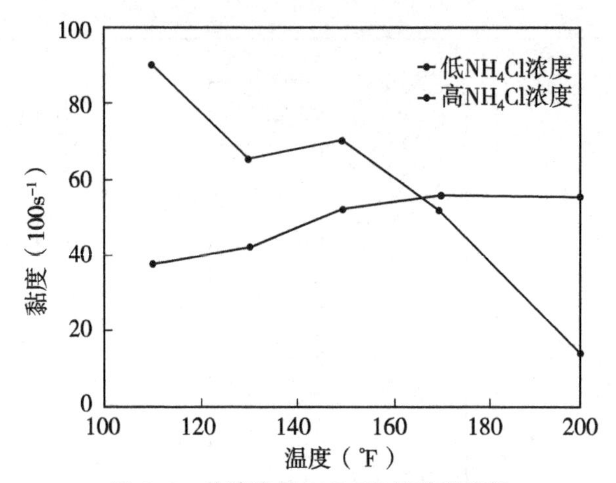

图 4-6　盐浓度对 2%VES 流体流变性

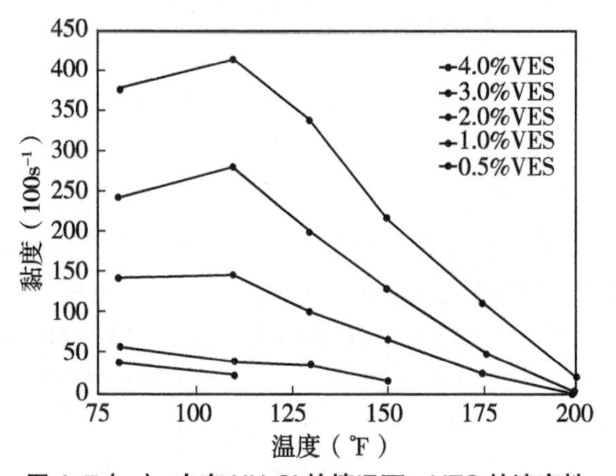

图 4-7（a）　在有 NH_4Cl 的情况下，VES 的流变性

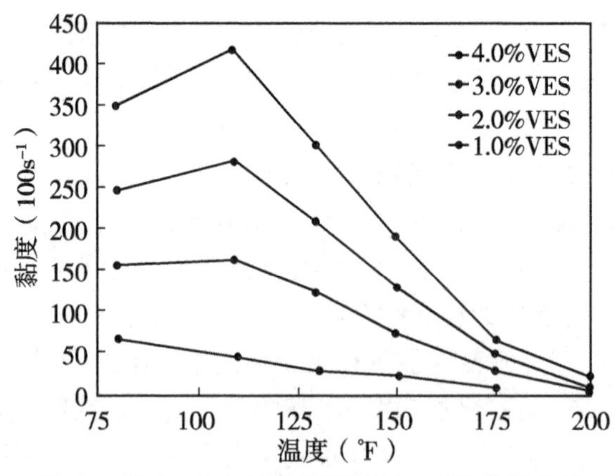

图 4-7（b）　在有 KCl 的情况下，VES 的流变性

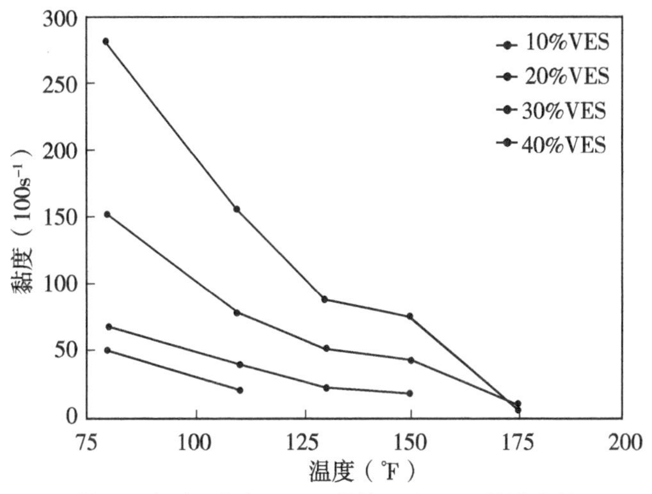

图 4-7（c）　在有 $MgCl_2$ 的情况下 VES 的流变性

到目前为止，对表面活性剂流体黏度讨论的研究表明无机阴离子类，特别是氯化物对黏度的影响，还发现了有机逆流阴离子对黏度的显著影响。图 4-8 说明了无机阴离子和有机阴离子一起置换部分的作用。在高温（大于 79.4℃）即使有小量的有机阴离子情况下增加流体的黏度。例如，随着无机盐和有机盐浓度的增加，流体的最大使用温度升高。着重指出该系统含有无机盐的最大使用温度比含有无机物类的最大使用温度大约高 4.4℃。

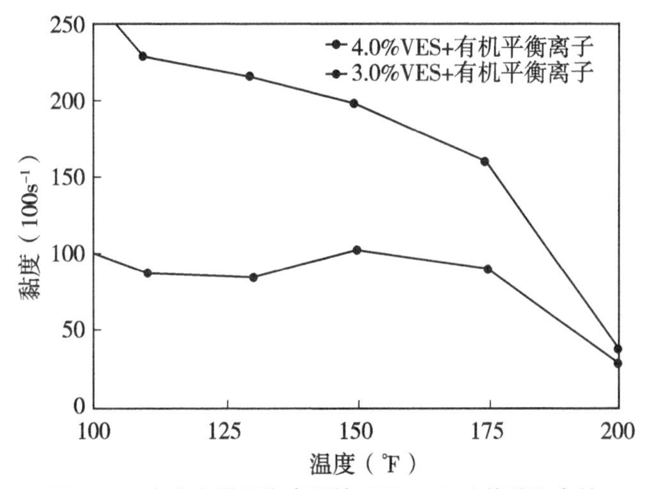

图 4-8　在有小量平衡离子情况下 VES 流体的流变性

使用高浓度逆流阴离子既有利于增加流体的流变性，又有利于最大的可应用温度从 93.3℃升到 115℃，如图 4-9 所示。含有高浓度有机物逆流阴离子表面活性剂流体幂指数（n'）和稠度系数（K'），如图 4-10 所示。总之，在低温至中温允许变更活性剂浓度，人为地控制黏度，然而，允许改变盐或盐浓度使人为增加该体系的最大使用温度。

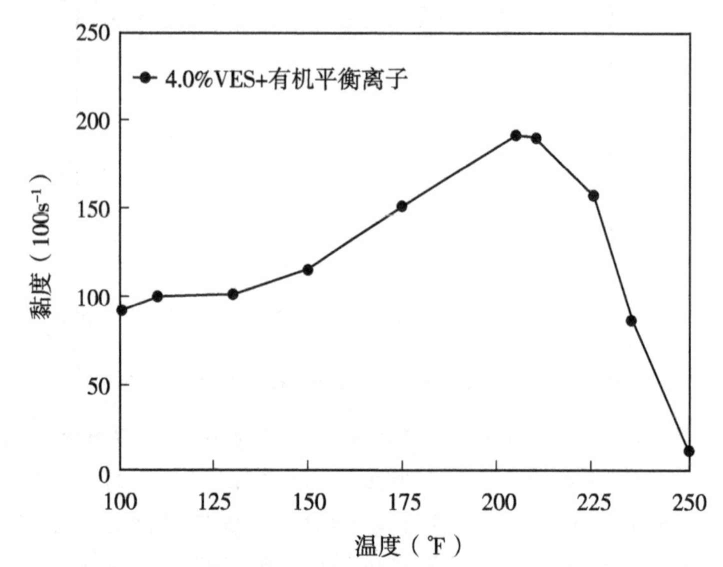

图 4-9　在有高浓度平衡离子情况下 4%VES 流体的流变性

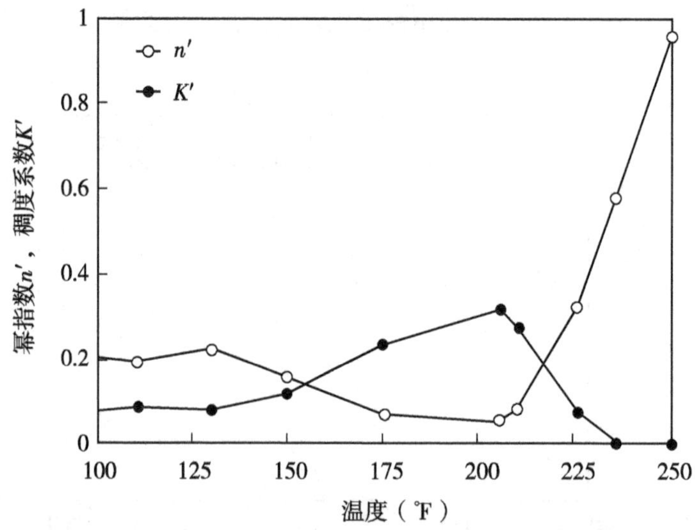

图 4-10　在有高浓度平衡离子的情况下，表面活性剂流体的幂指数和稠度系数

图 4-11 说明在不同温度下，pH 值对表面活性剂黏度的依赖性。该流体性能不受细菌或者在城市正常出现污染物质或小河水的影响。在净化过滤海水的情况下，这个流体表明了极好的性能，如图 4-12 所示。

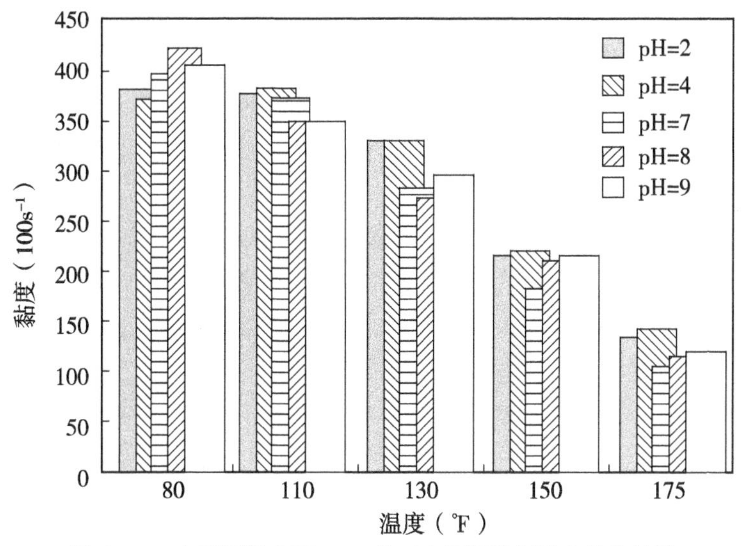

图 4-11　在不同温度下，pH 值对表面活性剂黏度的依赖性

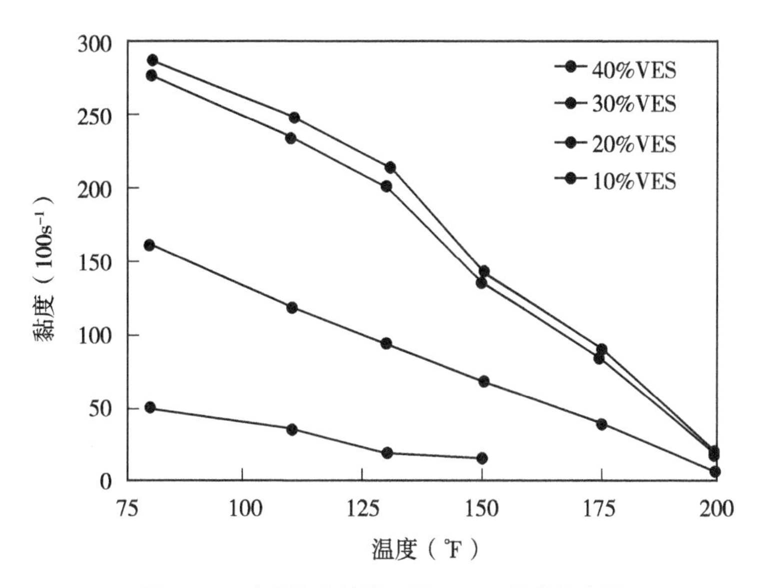

图 4-12　在有海水的情况下，VES 流体流变性

（三）流体滤失性

静态流体滤失实验选择用长 30.48cm，直径 2.54cm 的岩心。流体的驱动压力被保持在 9.65MPa（1400psi），然而对岩心施加 13.79MPa（2000psi）的围压。因为烃类破坏 VES 流体，在岩心含有烃类和盐水时流体滤失存在极大差异。因此，有人用两块岩心进行研究，一块岩心用盐水饱和，另一块岩心用矿物油饱和，有残余水饱和度。矿物油岩心的含水饱和度是靠流

动 3~4 孔隙体积矿物油通过盐水饱和岩心来减少它的残余水饱和度。同样的驱动压力是用保持一恒定的氮气压力施加到岩心上，这个岩心采用在供油油藏中覆盖表面活性剂的方式，注意到通过采集每一块岩心在电子平衡上滤出液的漏失速率。同样容器的入口线性流动被保持在这个实验持续时间的期望的温度。

在滤失研究之后，使用岩心或提取有甲醇或研究回流特征。提取研究便于了解在盐水中和在滤失后烃类饱和岩心中表面活性剂的浓度，把 30.48cm 长岩心切成 5.08cm 长的 6 块岩心做动态流体滤失实验。在一个水压机上分别压碎这些小块岩心，在一个典型的实验中，

提取 20g 的材料中有好几倍的甲醇，加热离心完全清除甲醇。在水中再溶解残余物，利用 $KMnO_4$ 比色分析决定表面活性剂浓度。据观测在烃类饱和岩心中滤失有效的高于盐水饱和岩心。即使在近似于 5 倍孔隙体积滤出液后已有滤失通过烃类饱和岩心，通过烃类饱和岩心的滤失速率高于测定通过盐水饱和岩心的滤失速率。表面活性剂流体像聚合物基流体一样不会形成滤饼，因此通过保持一个高滤出液黏度控制滤失。在检测流体滤失后通过采用从不同岩心区块中提取表面活性剂的（较早描述的）方法证明假设是正确的。图 4–11 表明了从盐水饱和岩心端部取出的 3 块表面活性剂含量大约高于其余岩心的 10 倍。在烃类饱和岩心未观察到这一趋势。图 4–13 表明沿着长 30.48cm 岩心进行滤失实验的压力图。显然，在实验开始的 25min，首先侵入 12.7cm 的含盐饱和岩心。

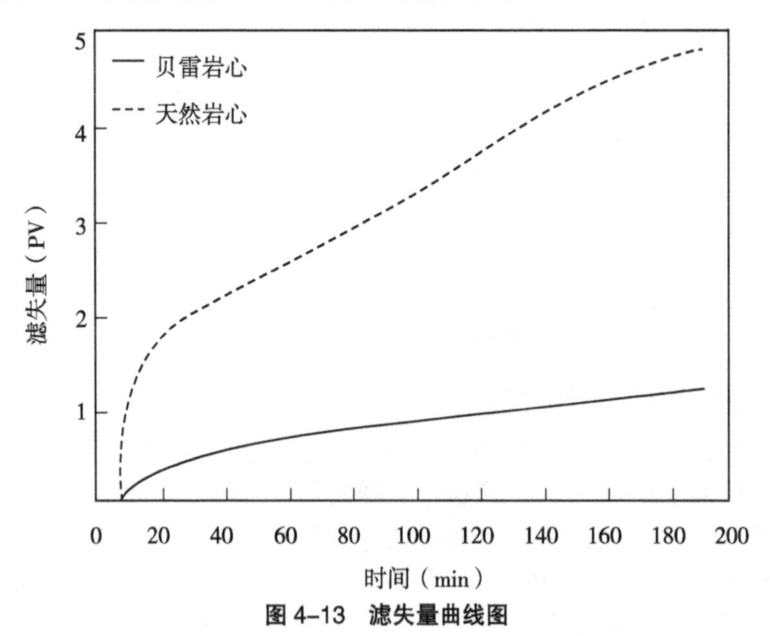

图 4–13　滤失量曲线图

高滤失穿过烃类饱和岩心是由于在烃类饱和岩心中低黏度的滤出液，这个低黏度滤出液是由于对烃类相互作用破裂表面活性剂胶体类似蚯蚓状胶束的结构。如果期望是这样的话，常规颗粒基滤失控制策略可以用于进一步控制滤失进入地层。

总之，在盐水岩心中这个流体的流度是低的，而在含烃类饱和岩心中这个流体的流度是高的，表明这个流体能通过岩心依赖的不是盐水就是烃类的选择改变流体的流度。高黏度范围地层靠在水层中胶束结构将有助于流体进一步渗入水层。对盐水岩心的回流研究表明黏性地层将有助于控制地层水的流入量，促进裂缝净化和提高产量。

（四）导流能力

人们总是关注在水力压裂中出现聚合物。表面活性剂基流体系统是非固态，不形成滤饼。用 VES 处理作业后反向流动穿过岩心实验表明该系统比交联胍豆或 HEC 体系返排要好得多。计算（法）说明适合大多数压裂状态，支撑剂充填的导流能力对油井生产能力产生很大影响。松散的砂粒充填岩心实验表明置入有 VES 流体的支撑剂充填保留的渗透率通常大于 90%，如表 4–1 所示。

表 4–1　黏弹性表面活性剂（VSE）流体的支撑剂充填的导流能力

支撑剂	流体	充填渗透率（mD）	保留渗透率（mD）
20/40	—	500	—
20/40	4%VES	520	93
20/40	交联胍豆	250	45
16/20	—	840	—
16/20	4%VES	77092	—
16/20	交联胍豆	330	39
16/20	交联胍豆	440	52

注　闭合应力为 30336.9kPa（4400psi）。

二、无聚合物压裂液使死井复活

意大利亚德里亚海上的 Giovanna 气田的砂埋生产层段需要进行压裂充填作业。在证实聚合物压裂液不适应压裂充填作业之后，埃尼—阿吉普公司求助于黏弹性表面活性剂基、无聚合物压裂液技术。Giovanna6（简称G6）井的致密泥质砂岩层段缝尖脱砂压裂获得成功，不仅产生了宽裂缝，裂缝高度也得到了控制，压裂以后稳定产量是初期产量的3倍。

（一）流体实验

G6气田除了在完井的时候相对复杂之外，泥质含量较高的粉砂岩层使用的普通压裂液还会遇到一些其他情况。例如，射孔层段比相对较长，应该更为有效地从致密层开采油气。这种情况下，一般优先使用盐水，但是盐水的黏度不够，不能压开整个射孔层。埃尼—阿吉普公司于是考虑使用HEC稠化剂提高压裂液的黏度，以达到压开射孔层段的目的。但是，尽管线性HEC凝胶更加适合气田所在区域的诸多气井，埃尼—阿吉普公司仍然没有选择。因为之前的完井经验表明，为了提高裂缝的导流能力，在一些泥质含量相对较高的致密砂岩中，应该避免使用HEC溶液稠化剂。

在地层中，HEC压裂液将会形成一些形态不确定的裂缝。地层的低渗透性则会对HEC进入小孔起到一定的阻滞作用，从而形成一个滤饼。滤饼形成之后，压裂液的滤失量会明显降低。压裂液的效率在这种情况下则会提升。当然这种情况下裂缝会过长、过窄，不能形成较高的净压力，也难以实现TSO。在多数情况下，这些压裂液形成的宽度不到1cm。

这种情况在邻近的Emma气田也出现过。最近，在岩性类似的气藏中利用HEC压裂液进行的压裂作业过程中出现裂缝压力升高。两口井压裂施工中呈现的压力明显下降。这两个相似的经验证明，对于在G6气田这样的地层，HEC压裂液并不是最佳选择。因此，G6气田的压裂要形成一个宽度为25.4mm的短裂缝。与HEC一样，泥质含量较高的致密砂岩中，应该避免使用常规的交联聚合物。其中的原因至少包括两个，一是这类压裂液将和HEC压裂液一样形成一个滤饼；二是交联的压裂液返排率相对较低，压裂之后常常留存在裂缝之中。这些情况显然对压裂的效率产生了致命影响。

为了解决G6气田出现的这些问题，必须找到一种能够取代HEC压裂液的新型压裂液，而且新型压裂液必须具有无造壁性，能够以较高的浓度悬浮砾石，对地层不能产生损害。

（二）压裂液选择

经过缜密的选择，埃尼—阿吉普公司找到了一种黏弹性流体——VES。这种流体是一种表面活性剂基、无聚合物的压裂液。这种压裂液的主要成分是长链脂肪酸衍生物。当它与盐水混合时，就可以形成黏性液体。这种液体的流变性尤其适合一些低渗透性气田，例如我们讨论的G6气田。

随着VES流体进入油气藏中，这种气藏的流变性显然有助于避免盐水或者HEC压裂液遇到各类问题。在压裂施工的压力下，VES流体的滤失速度远远低于HEC。显然这种情况对于压裂过程中缝尖脱纱是有利的。

VES流体在较低黏度下具有极好的携砂能力，而且能够形成相对较宽的裂缝。针对VES流体，黏度并不是携砂能力的关键因素。携砂能力的关键来自胶束团的网络结构以及弹性。在这种情况下，黏液携砂需要的黏度就明显降低了。VES处理作业可以更好地进行优化设计，从而达到最佳的裂缝高度和长度，净压力较高。因为流体不含聚合物，残渣在支撑剂充填带和裂缝表面上的吸附量则明显降低。残渣的减少有利于裂缝提高自身的导流能力。VES流体不会留下滤饼。用这种方法压裂地层，污染程度明显较小，也能够改善表皮系数，从而增加油气井的产能。

（三）压裂充填作业

1. 压裂液的配置

压裂液主要由VES表面活性剂和KCl组成。流体系统则由0.625%的清洁压裂液和4%的KCl分批混合配制。依据观察，可以看到活性剂迅速分散，黏度也就迅速得到增加。在压裂液进行质量控制测试时表明，压裂液黏度合适。压裂液分三批配制。支撑剂的浓度分别为240kg/m^3、480kg/m^{3}和720kg/m^3。

压裂液的简单性改善了压裂施工的可靠性。在施工过程中，不需要聚合物的溶解实践，更不需要交联剂和内部破胶剂，只需要稠化剂和黏土稳定剂，而且可以随时调整。在这种情况下，施工的可靠性得到了明显增加。

和聚合物相比，VES流体只需要增加两种添加剂。根据试验5%的甲醇，就可以减少活性剂在黏土表面的吸附。而且因为G气田的黏土含量问题，因此，对保持较高的保留渗透率是必不可少的。另外，所有盐水都应该加入1%的黏土稳定剂提高其稳定性。这个过程已经通过实验进行证实。在后置液中加入少量的互溶剂，可以改善压裂后初期的快速返排效率。

2. 压裂施工效率

施工过程中应该按照初期阶段排量注入结果进行设计。利用VES流体配置的所有压裂液分批泵入井筒中。施工过程中地面施工的压力、注入排量以及支撑剂浓度如图4-14所示。

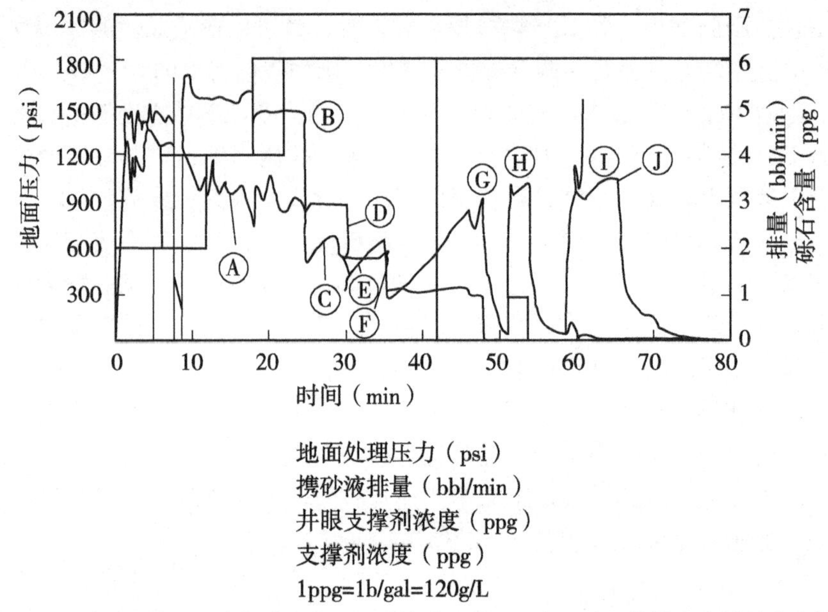

地面处理压力（psi）
携砂液排量（bbl/min）
井眼支撑剂浓度（ppg）
支撑剂浓度（ppg）
1ppg=1b/gal=120g/L

图 4-14　在 G6 井处理作业过程中，记录的地面施工压力、注入排量和支撑剂浓度曲线

A—垂直和水平的裂缝增长　B—降低排量以便产生 ISO（缝尖脱砂）　C—桥堵形成，开始 TSO　D—降低排量，以便发展 TSO　E—发展 TSO　F—降低排量以便扩展裂缝
G—关井以便裂缝闭合　H—裂缝扩张　I—裂缝最终扩张　J—关井求得瞬时关井压力

在持续施工过程中，VES 流体表现得比较宽容。例如，停泵几分钟，VES 流体注入没有出现常规的早期脱砂现象。VES 流体的低摩擦阻力特性，使它非常适合 G6 井。低摩擦阻力有利于降低压裂的成本。在其他施工过程中，VES 流体处理过的液体摩擦阻力只有盐水的 1/2。驱替效率较低的气井压裂之后很快开始冲砂，并且返排。

（四）压裂充填施工评价

在压裂施工过程中，工程师利用 P3D 模型对压裂施工的结果进行了分析。施工的压力拟合表明了实际地面施工压力、注入排量以及支撑剂浓度和时间之间的关系，具体如图 4-15 所示。

因为压裂初期井筒压力递减适中，裂缝垂向增长和径向延伸较为明显。在第二阶段注入浓度为 480kg/m³ 的砾石液体，地面的压力基本保持平稳，裂缝获得的净压力持续增加。尽管施工的净压力适中，但是仍然降低排量，以实现快速的缝尖脱纱。因为排量降低，裂缝口可能会出现砾石桥堵，压力在这种情况下急剧上升。同时，裂缝的充填长度已经达到 4m，注入的支撑剂总量则达到 4.1m³。

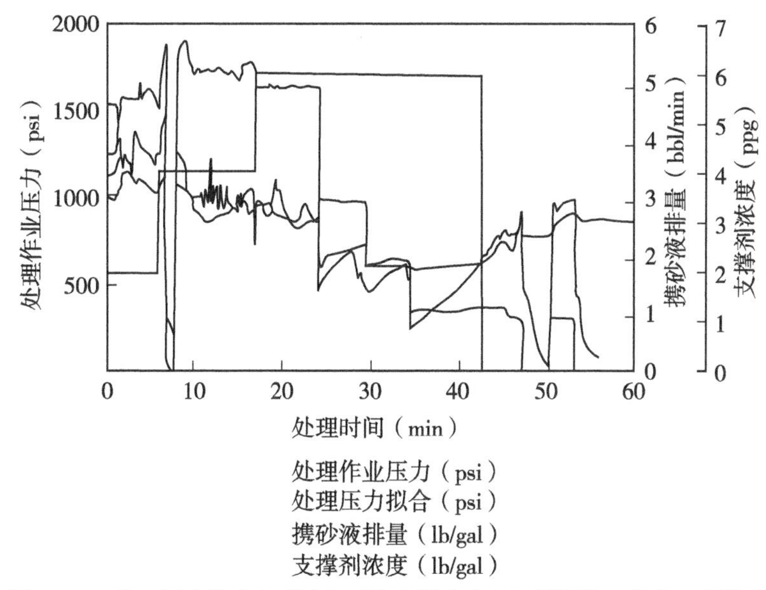

图 4-15　施工压力拟合表现在处理作业进度中实际地面施工压力、泵排量

在这个过程中，裂缝的径向停止延伸，宽度不断增加，裂缝内的支撑液不断增加，净压力升高。裂缝宽度在这种情况下会继续增加，直到净压力下降为止。净压力的下降表明桥堵移动，裂缝得到延长或者增宽。

如果继续降低排量，则可以重新形成缝尖脱纱，并且回填。排量继续降低，压力则直线上升，表明缝尖脱纱成功。

裂缝尖端的支撑剂浓度增高，这是有意使得携砂液滤失降低的结果，最终表明裂缝的长度大于 4.27m，大于施工结束时的裂缝长度。实现缝尖脱砂之后，整个裂缝都比较宽，而且裂缝被限制在目的层的应力边界之内。使用 VES 流体的重要原因在这里得到体现，避免裂缝的高度和长度失控。

因为缝尖脱砂的实现，G6 井压裂产生了较高的净压力、裂缝宽度和长期的导流能力。因此，VES 流体实现了压裂充填作业施工的目标。G6 井的压裂效果说明，使用 VES 流体可以快速实现缝尖脱砂，从而形成具备较高导流能力的裂缝，也达到了提高气井产能的目的。

三、低聚合物压裂液

BJ 作业公司开发了一种新型的聚合物压裂液。这种聚合物压裂液包括 4 种主要成分，分别是聚合物、缓冲剂、交联剂以及破胶剂。聚合物则是一种具备高屈服点的羧甲基胍胶。这是一种单独的胍胶衍生物。聚合物压裂液中聚合物的含量为 1/2。利用聚合物和金属基交联剂的交联提高聚合物压裂液的黏度。使用这种聚合物压裂液的目的是获得长而细的裂缝，不像上文讨论的那种短而粗的裂缝。这种压裂液的黏度也比较低，但是砂悬浮特性非常适合携带含量较高的支撑剂。通过长期的实践，这种压裂液获得较为理想的缝长和较为彻底的清洁返排。

四、影响水平井压后产能的多因素分析

前面所建立的压后多条裂缝水平井产能预测新模型考虑的因素比较齐全，但哪些因素对产能影响比较大？什么样的压裂方案最优？在此引入正交设计和分析方法，不仅能够定性地研究裂缝参数对压裂水平井产能的影响趋势，更重要的是能够定量地研究裂缝参数对压裂水平井产能影响的主次顺序和显著程度，进而确定最佳的裂缝参数组合，用来指导压裂施工设计。

（一）压后产能的正交试验设计

正交试验设计及其直观分析方法，以概率论、数理统计和线性代数等理论为基础，科学安排试验方案，正确分析试验结果，定性定量地确定参数对指标的影响趋势、主次顺序及显著程度。其突出特点是以典型的具有代表性的有限方案反映大量的方案中所包含的内在的本质规律和矛盾主次。它具有两个基本性质，即水平的均匀性和搭配的均匀性。所谓水平的均匀性，是指所选的 N 个具有代表性的方案，对每个参数和参数的每个水平值都是均匀分配的；所谓搭配的均匀性，是指每个参数的每个水平值在 N 个方案中出现的次数相同，而且任意两个参数的搭配都以相同的次数出现。

水平均匀和搭配均匀在数学上统称为正交性。利用正交性就可以设计出不同参数和水平值对应的正交试验表。

（二）正交试验的特点

1. 正交试验设计

①试验点“均匀分散”具有代表性，且任一因素，它的不同水平的试验次数都是一样的。②试验点“整齐可比”，即任意两个因素之间都是交叉分组的全面试验，便于试验数据分析。

因子的极差用 R 表示，它反映了因子的水平变化对试验结果的影响。K 的大小反映了因子的重要程度，由此可知哪些因素重要，哪些因素次要。按照尺数值大小的顺序排列，最大的放在第一个，因为它的水平变化对试验结果的影响最大，故它的水平必须首先考虑；其次考虑次大的，依

此类推。

2. 直观分析法

直观分析法就是将各参数的各水平值对试验指标影响的大小用图形表示出来，从而确定最优试验参数组合。从图形上可以看出，当参数的水平值变化时，试验指标是如何变化的，可以拟合出该参数对试验指标影响的规律；通过计算各参数的极差，可以分析各参数对试验指标影响的主次，找出主要参数和次要参数。

第五章　油田管道结垢处理技术

油田管道结垢是一种常见的油田施工危害，必须给予彻底的处理。常用的是化学除垢方法。

第一节　化学除垢、阻垢分散技术

一、化学阻垢技术概述

阻垢分散剂是指能抑制或分散水垢的一类化学品。早期使用的阻垢剂多为改性天然化合物，如碳化木质素、丹宁等。近年来，主要使用无机化合物、合成有机聚合物等，其阻垢分散机理表现为螯合作用、吸附作用和分散作用。例如，有机多元磷酸和有机磷酸通过螯合作用与水中的 Ca^{2+}、Mg^{2+}、Zn^{2+} 等形成水溶性的络合物阻止污垢形成。磷酸钠、聚丙烯酸钠及水溶性共聚物，经过它们的吸附，离解的竣基、羟基提高了结构物质微粒表面的电荷密度，使这些物质微粒的排斥力增大，降低了微粒的结晶速度，使晶体结构畸变而失去形成垢键的作用，使结构物质保持分散状态，因而阻止了水垢和污垢的形成。

有固相从地层水中沉淀时，大都说明溶液中某种无机盐的浓度升高，表面张力在溶解新形式的固相界面上起了特殊作用。

采油过程中影响结垢的因素有：

（1）注入水与地层水在地层中的混合；

（2）各种不同成分的地下水、边水和底水在地层和井中的混合；

（3）不同地层和夹层水在采油井内的混合；

（4）渗入地层中的水（地层水和注入水）与岩石接触；

（5）原油中的活性水溶性组分扩散到水里；

（6）合成的化合物渗入水中；

（7）水中的二氧化碳转化为气相；

（8）水的蒸发；

（9）动力学条件的改变。

当不同类型的水相混时，即它们的成分有本质的区别时，前三种因素会起作用。例如，含有大量硫酸盐离子的水与含有钙离子的水混合时，可以形成石膏浓度超过平衡浓度的混合物，使石膏的溶解度增加，因此减少了石膏结垢的可能性，但同时造成了溶剂的蒸发，水中硫酸钙浓度的升高，从而使石膏结垢沉淀成为可能，若有天然的及合成的化学物质参与到采油过程中，其作用更加复杂。

垢的成因与各种平衡、温度、压力有关，在采油和管道内流动过程中，这些物理条件的变化会引起垢的形成。

二、阻垢剂的选择和应用

阻垢剂的选择和应用：

（1）阻垢消垢效果好，在硬水中仍有较好阻垢分散效果。

（2）化学性质稳定，在高浓度倍数和高温条件下以及其他水处理剂并用时，阻垢分散效果不降低。

（3）与缓蚀剂、杀菌剂并用时不影响缓蚀效果和杀菌灭藻效果。

（4）无毒或低毒，制备简单，投加方便。

阻垢有缩聚磷酸盐、有机磷酸盐、氨基多羧酸盐等，磷酸盐具有用量少、热稳定性好等特点且发展较快。

三、控制油田水管结垢的方法

控制油田水管结垢的主要方法是控制油田水的成垢离子或者溶解气体，也可以投入一定的化学药剂控制结垢的形成过程。由于在油田水的数量非常大，而且硬度非常大，成分也比较复杂，所以在选用阻垢方法时必须综合考虑，结合投资和使用效益。

（一）控制溶液的pH值

降低溶液的pH值是控制油田结垢的主要方法。因为降低水的pH值能够增加铁化合物的溶解度，降低碳酸盐垢的含量。pH值对硫酸盐垢的影响则很小。然而，对于井筒而言，过低的pH值则会增加水的腐蚀性，出现一定的腐蚀问题。因此，pH值必须精确控制，否则容易引起腐蚀与结垢。但是，在实践中，精准控制pH值是非常困难的。因此，控制pH值的方法必须在较小改变的时候就做到防止油田结垢。只有这样才有实用意义。

（二）去除溶解气体

油田用水溶解的氧、二氧化碳和硫化氢等气体容易形成结垢的铁化合物、氧化物和硫化物。这些溶解气体不仅是影响结垢的因素，同时也是金属腐蚀的影响因素。因此，要采用物理或者化学的方法降低水中溶解气体的含量，达到防垢和除垢的目的。

（三）防止不相容的水混合

油田中水的组成成分是非常复杂的。单独使用一种水的时候可能是较为稳定的，并不会产生结垢的问题。但是如果把两种或者两种以上的水相混合，不同水中含有的粒子就可能形成不溶解的盐垢。这种情况说明这两种或者几种水是不相容的。例如，某些油田有不同的油层，每一个油层中含水的成分是明显不同的，而且随着油层深度的加深碳酸盐的含量不断增高，这说明油层水具备形成碳酸盐垢的基本条件。当油层发生变化时，例如压裂工艺施工实现不同油层的混合，则有可能打破原来的平衡，形成盐垢。又如，A 型水和 B 型水的主要成分如表 5–1 所示，如果把这两种水混合，则会形成不同类型的盐垢。虽然将不同类型的水注入地层之后也容易出现盐垢，但是在注入水的时候，由于注入水和地层水之间的接触面积很小，混合程度很小。反之，通常结垢的注入水和另一种不容易结垢的水混合，则会形成一种在这种条件下稳定的水。

表 5–1 不同类型水的化学成分

组分	A 水型	B 水型
Ca^{2+}	有	无
HCO_3^-	无	有
SO_4^{2-}	无	有
Ba^{2+}	有	无
Fe^{2+} 或 Fe^{3+}	无	有
H_2S	有	无

第二节 防除垢剂的制备及性能研究

一、常见化学除垢方法

针对不同类型的水垢，常见的除垢方法主要有三种：水溶性水垢或者酸溶性水垢可以直接使用淡水或者酸液进行处理；不溶于水或酸的水垢可以使用垢转化剂，然后用无机酸如盐酸进行处理；用除垢剂直接将垢转化成为一种水溶性物质再清除。

（一）水溶性水垢

水溶性水垢最常见的是氯化钠。这种水垢使用淡水就能够清除。

如果是石膏水垢，则能够看到多孔的特征，可以使用氯化钠水进行循环处理，使得石膏水垢全面溶解。在水温 38℃的情况下，氯化钠溶液溶解石膏水垢的数量是淡水的 3 倍。

（二）酸溶性水垢

酸溶性水垢的主要成分是碳酸盐，其中以碳酸钙居多。盐酸或者醋酸都可以用来清除酸溶性水垢。甲酸和氨基磺酸也可以用来清除水垢。在水温低于 93℃的情况下，醋酸对镀铬表面不会造成损坏。在酸中增加一些表面活性剂有利于去除酸溶性水垢。

酸溶性水垢还包括硫化亚铁和氧化亚铁。对于这种水垢通常在盐酸中加入多价螯合剂。多价螯合剂能够使铁溶解于液体中，直到它从井中出来为止。例如 15% 盐酸、0.75% 醋酸和 0.55% 柠檬酸配制的螯合剂溶液时间多于 15 天。

（三）不溶于酸的水垢

目前发现的唯一不溶于酸的水垢是硫酸钙。尽管在化学中是可以反映的，但是硫酸钙在实践的酸中不发生反应。一般来说，应该先用化学溶液进行转化处理，把硫酸钙转化成可以溶解酸的化合物。这种化合物通常是碳酸钙或者氢氧化钙。在转化完成后，再用酸清除。表 5-2 说明了硫酸钙转化为石膏的垢转化剂之后的相对溶解度。表中数据的实验条件是 200mL 溶液和 20g 试剂石膏。

表 5-2　石膏的溶解度实验

垢转化剂种类	被溶解的石膏的百分数	
	24h	72h
NH_4HCO_3	87. 8	91.0
Na_2CO_3	83.8	85.5
Na_2CO_3—NaOH	71.2	85. 5
KOH	67.6	71.5

上表说明大多数化学试剂都可以把石膏转化为溶于酸的碳酸钙。KOH 把石膏转化为氢氧化钙，微溶于水和弱酸，但是这种方法只能转化 68%~72%，剩下的不溶于水形成水垢。在石膏转化之后，参与的流体循环出来，之后可以用盐酸或者醋酸清除。

井筒中存在蜡、碳酸铁和石膏时，具体的去垢程序如下：

（1）用溶剂（如煤油或二硫化碳）加表面活性剂清除油脂；

（2）用螯合酸清除铁质水垢；

（3）将石膏水垢转变为 $CaCO_3$ 或 $Ca(OH)_2$；

（4）用盐酸或醋酸清除被转化的 $CaCO_3$ 水垢，用水或弱酸溶解 $Ca(OH)_2$。

（四）新型除垢剂

随着油田化学的发展，近年来使用的新型除垢剂主要有以下六种：

第一，水溶性盐类除垢剂，例如马来酸二钠盐。可将 $CaSO_4$ 直接转化为水溶性物质，添加润湿剂或者有机溶剂则可以增加效果。

第二，葡萄糖酸盐、氢氧化钠与碳酸钾的混合溶液，可以去除 $CaSO_4$。这个方法的特点是生效非常快。

第三，酸和钒的催化剂。这种催化剂主要用来清除被包裹的硫化物尘垢，通常以无机盐酸、五氧化二钒、羟酸的混合溶液形式使用，加入润湿剂能够增效。有时可以用砷酸盐、硫脲等缓蚀剂，抑制酸的腐蚀作用。

第四，双硫醚的使用。这种除垢剂的烷基碳数通常在 2~11。主要用来清除油藏、油井和管线的硫化物沉垢。

第五，双大环聚醚和有机酸盐的混合液。这种除垢剂主要用来清除管线上的 $BaSO_4$ 垢，可以在水溶液中使用。

第六，羧甲基化单大环状聚胺。这种除垢剂可以在水溶液中使用，能够溶解硫酸钙垢和硫酸钡垢。

二、防垢剂 EAS

（一）防垢剂 EAS 的制备

将一定量的蒸馏水、环氧琥珀酸钠、丙烯酰胺加入四口烧瓶中、搅拌，用 7mol/L 氢氧化钠调节溶液 pH 值为 4~5，加入烯丙基磺酸钠、过氧化氢加热，80℃时滴入引发剂过硫酸铵，搅拌升温至 90℃，保持此温度进行反应共聚，所得产物为淡黄色透明黏稠液体的共聚物 EAS。稀释反应溶液，过强酸性离子交换柱，接收溶液减压蒸干，真空干燥得共聚物 EAS 固体产品。

（二）防垢剂 EAS 合成工艺条件的确定

在共聚反应中影响共聚物防垢率的因素较多，为了寻求最佳反应条件，采用正交法进行筛选，即把共聚温度（因素 A）、共聚时间（因素 B）、引发剂用量（因素 C）及单体配比（因素 D）作为可变因素进行考察。每个因素取 3 个水平，以合成产物碳酸钙防垢的能力为实验指标，选择 $L_9(3^4)$ 正交表进行实验。所设计的因素水平表如表 5–3 所示，所设计的正交实验方案如表 5–4 所示。各因素对共聚物碳酸钙防垢性能的影响程度由大到小依次为：C > D > A > B。引发剂用量对碳酸钙防垢率的测定影响比较大。根据 K 值的大小可知最佳的合成工艺条件为 A3、B2、C3、D3。是在此条件下进行了验证性实验，碳酸钙防垢率分别为 87.95 %、88.15 %、88.10%，平均防垢率为 88.07%。

表 5–3　EAS 合成影响因素及水平

水平	实验因素			
	共聚温度（℃） A	共聚时间（h） B	引发剂用量（%） C	单体配比 D
1	80	3	7.5	1.2 ∶ 1 ∶ 1
2	85	3.5	10	0.8 ∶ 0.6 ∶ 1
3	90	4	12.5	1.2 ∶ 0.6 ∶ 1

表 5–4　正交实验方案及结果

序号	共聚温度（℃） A	共聚时间（h） B	引发剂用量（%） C	单体配比 D	防垢率 （%）
1	1	1	1	1	73.35
2	1	2	2	2	75.12
3	1	3	3	3	79.32
4	2	1	2	3	78.25
5	2	2	3	1	80.95
6	2	3	1	2	75.46
7	3	1	3	2	82.23
8	3	2	1	3	81.56

续表

序号		共聚温度（℃）A	共聚时间（h）B	引发剂用量（%）C	单体配比 D	防垢率（%）
9		3	3	2	1	74.24
平均防垢率	K_1	75.93	77.94	76.79	76.18	—
	K_2	78.22	79.21	75.87	77.60	—
	K_3	79.34	76.34	80.83	79.71	—
极差 R		3.41	2.87	4.96	3.53	—

（三）单因素实验

1. 共聚温度对防垢率的影响

在化学反应中，温度是反应效果的重要影响因素，不仅影响反应进行的快慢，也影响反应的转化率以及产物的类型，对共聚反应的各个指标（反应速率、产物收率等）产生重大影响，同时决定了共聚物的防垢率的大小。在不同共聚温度下合成的防垢剂对碳酸钙垢的防垢效果如图 5-1 所示。在共聚温度为 70~90℃内，随着温度的升高，防垢剂对碳酸钙垢防垢率影响逐渐增加。这说明共聚反应为吸热反应，温度越高，越有利于反应的进行，共聚物的防垢效果就越好。

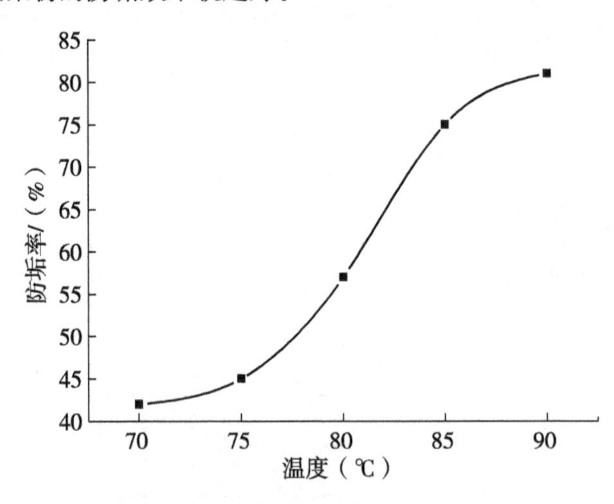

图 5-1　不同共聚温度下的防垢率

2. 共聚时间对碳酸钙防垢率的影响

在化学反应中，反应时间决定了反应进行的程度，而在不同的反应中，反应时间的增加所产生的影响也不尽相同，有可能促进反应的进行，也有可能阻碍反应的进行。该实验中，在不同共聚时间内，所合成的 EAS 对碳酸钙垢的防垢率如图 5-2 所示。防垢剂随着共聚时间的增加对碳酸钙垢的防垢率先增加后降低，在 3.5h 达到最佳。这是因为随着反应的进行，防垢剂的产率逐渐增加，共聚物 EAS 的官能团如羧基等发生进一步反应影响了防垢效果。

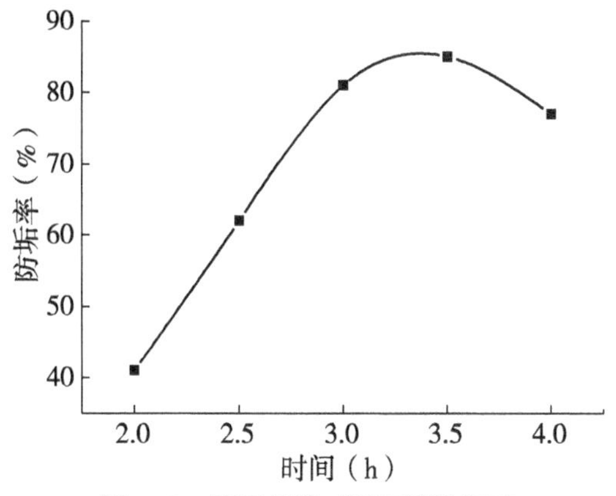

图 5-2 不同共聚时间下的防垢率

3. 引发剂用量对碳酸钙垢防垢率的影响

不同的引发剂用量对防垢剂的防垢率的影响如图 5-3 所示。随着引发剂用量的增加，防垢剂对碳酸钙垢有良好防垢效果，在增加到一定程度时，防垢率不再增加。这是因为在相同条件下，引发剂用量的增加会促进反应的进行，达到一定比例后，便不会对反应产生影响。

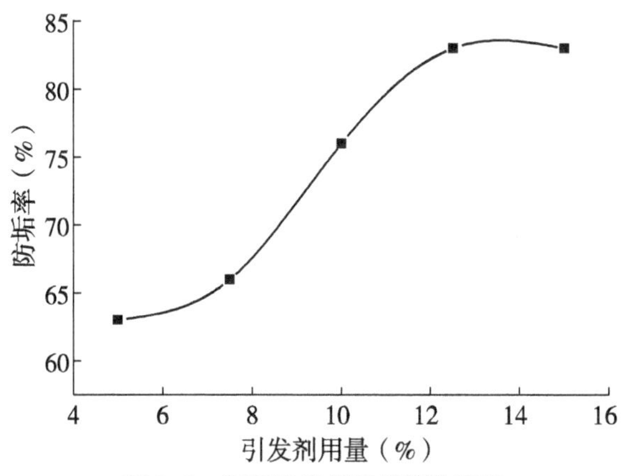

图 5-3 不同引发剂用量的防垢率

4. 单体配比对碳酸钙垢防垢率的影响

单体配比不仅会对原料转化率产生影响，而且通常会对共聚反应的最终产物有所影响，无法实现预期目标。不同单体配比 n（环氧琥珀酸氢钠）：n（丙烯酰胺）：n（烯丙基磺酸钠）下合成的防垢剂对碳酸钙垢防垢率影响如图 5-4 所示。单体配比不同对防垢剂的防垢效果有一定影响，当环氧琥珀酸氢钠的比例增加，同时丙烯酰胺比例有所下降时，防垢率大大提高，这是羧基比例增大，有利于螯合作用的原因。

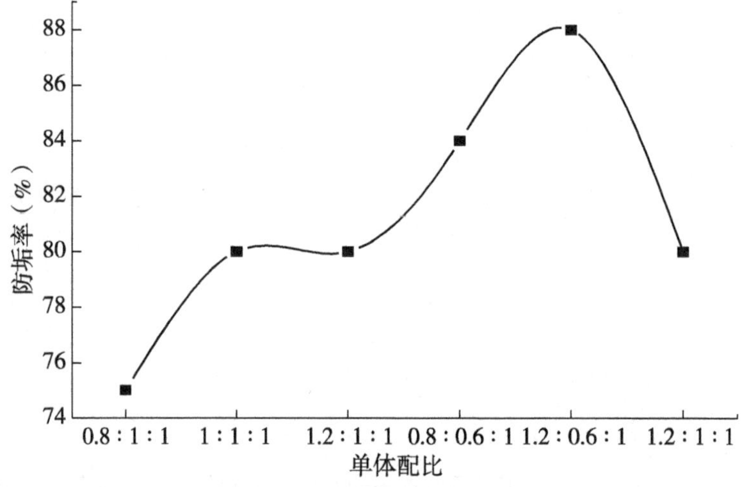

图 5-4　不同单体配比的防垢率

（四）防垢剂 EAS 性能评定

EAS 的性能评定主要是对其固含量质量分数、水溶解性的测定。在自然光下观察，烧杯内测定条件下的 EAS 液体澄清，液面上无漂浮物且底部无沉积物，判定试样为溶解。测定 EAS 固含量质量分数为 45.56%。

（五）防垢剂 EAS 的结构分析

利用红外光谱对合成的防垢剂进行结构分析。防垢剂的红外谱如图 5-5 所示。红外光谱中 1669.95cm^{-1} 强吸收峰，为羧基中烃基伸缩振动，3426.42 cm^{-1} 的化合物类型为羟基（—OH），这说明聚合物分子中存在羧基—COOH。1192.36cm^{-1} 强吸收峰，为磺酸基伸缩振动，这说明 EAS 分子中存在磺酸基结构。3426.75 cm^{-1} 吸收峰的化合物类型为 N—H，1405.36cm^{-1} 吸收峰的化合物类型为 C—N。合成的产物分子中含有磺酸基、羧基、酰氨基的特征吸收峰，可以推断合成的产品是三元共聚物 EAS。

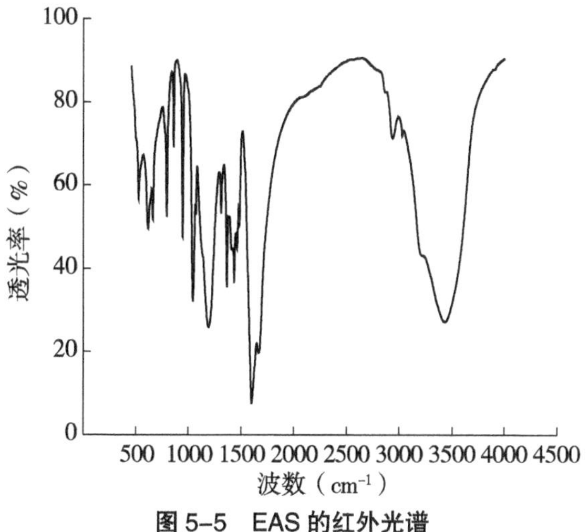

图 5-5　EAS 的红外光谱

（六）防垢剂加量对碳酸钙防垢率的影响

在温度为 70℃、pH=12 时，应用碳酸钙防垢率的测定方法，测定 EAS 不同加量时的碳酸钙防垢率结果如图 5-6 所示。防垢剂加量在 2~7mg/L，碳酸钙防垢率随防垢剂加量的增加而增大。该防垢剂中同时含有磺酸、羧酸基团对难溶盐微晶的活性部分有着较强的吸附作用，从而抑制碳酸钙晶体产生。防垢剂的活性基团—COOH 和—SO_3H 可以与水中的钙离子螯合，并在水垢生成过程中吸附于水垢结晶表面，一方面使微晶带同种电荷而互相排斥，阻止晶核的形成、降低晶体的增长速率；另一方面使微晶无法形成正常的水垢晶体而发生畸变，从而阻止水垢生成。

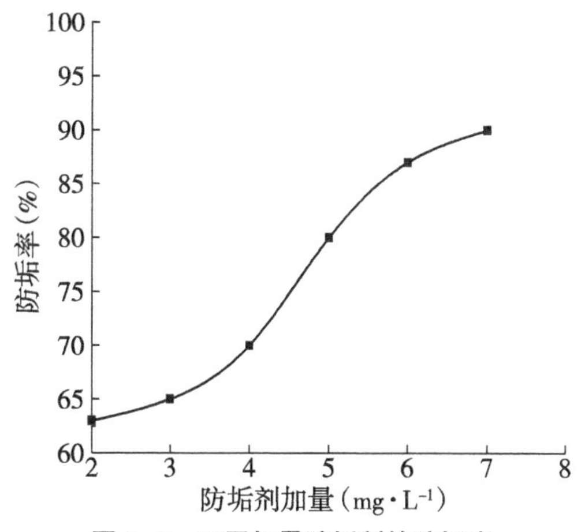

图 5-6　不同加量防垢剂的防垢率

（七）防垢剂 EAS 的防垢机理

对未加防垢剂和加防垢剂处理后碳酸钙垢样用电镜扫描进行观察，如图 5-7 所示。碳酸钙垢的扫描电镜表明，未加共聚物防垢剂的垢微观形貌呈细小的颗粒和棒状的结晶状态，并紧密交织在一起，颗粒粒度在十几微米以下。该颗粒是由过饱和的钙离子生成的结晶核心和固相晶胚，它们之间相互聚集交织形成垢，这种垢细密均匀、不易溶解。加入共聚物防垢剂后，垢的微观垢层较疏松、颗粒和棒状结晶尺寸变大，同时结晶数目减小，说明共聚物防垢剂对碳酸钙垢有较好的防垢作用。

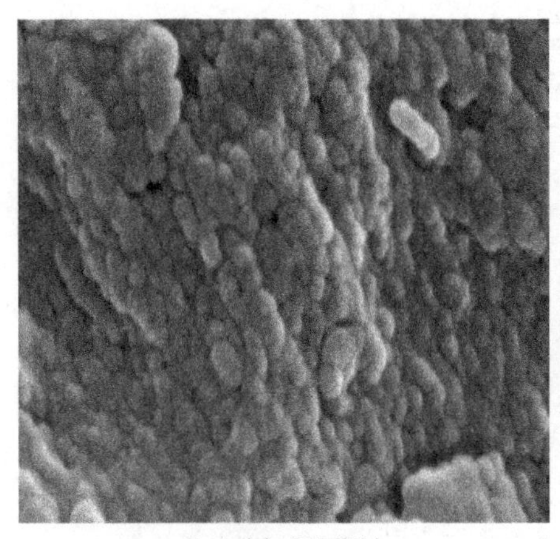

（a）未加入防垢剂　　（b）加入防垢剂

图 5-7　碳酸钙垢的扫描电镜图

EAS 高分子聚合物分子吸附在成垢物微粒表面时，增加了微粒所带的负电荷数量，而且松弛的聚合物分子结构也阻止微粒互相接近、聚集、长大，使结垢微粒能够较长时间地保持着分散的悬浮状态，不易沉积。EAS 高分子聚合物防垢剂由于分子中引入了有效活性基团，从而使它们对垢物有良好的防垢性能。防垢剂 EAS 分子中既有弱极性羧酸基团，又有强极性磺酸基团，能够稳定金属离子，对钙垢具有良好的抑制效果。羧酸基团通过螯合作用能够与钙离子、镁离子等形成螯合物与络合物，具有增溶的效果。羧酸根负离子能够与垢物表面的正电荷发生作用，吸附在固体表面，增加垢物微晶之间斥力，而干扰无机盐垢的晶格正常生长，抑制垢物的沉积。磺酸基团属于亲水性基团，酸性较羧酸基团强，将其引入防垢剂 EAS 中能够有效地防止由于弱亲水性共聚物与水中离子反应生成难溶性的钙凝胶，从而达到较好的防垢效果。强酸基团磺酸基酸性较强，保持着轻微的离子特性，从而促进溶解；而弱酸基团对活性部位有较强的约束能力，抑制结晶生长。水溶性高分子聚合物EAS作为油田用防垢分散剂，有良好的应用前景。

三、防垢剂PASP

（一）聚天冬氨酸的合成

称取一定量的碳酸铵和马来酸酐放入一定温度的烘箱中，一定时间后取出，得到聚琥珀酰亚胺。用2mol/L的NaOH溶液调pH值，在50℃水浴中水解1h，得到的深红棕色溶液就是聚天冬氨酸钠盐溶液。向上述溶液中加入盐酸调至中性，加入适量乙醇，析出的红棕色液体就是聚天冬氨酸。然后，过滤，干燥，备用。

（二）聚天冬氨酸的性能评价

1. 聚天冬氨酸水溶解性测定

配制质量浓度为1%的三元共聚物溶液，将其置于转速设定为300r/min的磁力搅拌器上，搅拌5min。在恒温水浴中控温25℃、加热10min，取出于自然光下观察。

2. 聚天冬氨酸的碳酸钙垢防垢率测定

聚天冬氨酸的碳酸钙垢防垢率测定采用EDTA滴定法。具体方法为：将聚天冬氨酸防垢剂加入含有一定量钙离子和碳酸氢根的配制水样中，于一定温度下在恒温水浴中放置一定时间，取出冷却至室温后过滤。取一定滤液，用EDTA标准溶液滴定。

防垢剂的防垢率按下式计算：

$$E_f=(V_1-V_0)/(V-V_0)$$

式中：E_f——防垢剂的防垢率；

V_1——加有防垢剂时样品消耗的EDTA体积；

V_0——空白样品消耗的EDTA体积；

V——含一定钙离子样品消耗的EDTA体积。

（三）合成工艺条件的确定

考察pH值、碳酸铵与马来酸酐的物质的量比、聚合温度及聚合时间四因素对聚天冬氨酸碳酸钙防垢性能的影响差异，确定为每个因素取3个水平。以聚天冬氨酸碳酸钙防垢的能力为试验指标，选择$L_9(3^4)$正交表进行试验。所设计的因素水平如表5-5所示。所设计的正交试验方案与结果如表 5–6 所示。

表 5–5　聚天冬氨酸合成影响因素及水平

水平	实验因素			
	A pH 值	B 碳酸铵与马来酸酐物质的量比	C 聚合温度（℃）	D 聚合时间（min）
1	10	1.1	160	60
2	11	1.2	170	90
3	12	1.3	180	120

由上表可知，各因素对合成产物碳酸钙防垢性能的影响程度由大到小依次为：C、A、B、D。最佳的合成工艺条件为 A3、B3、C2、D2。在此条件下进行了验证性实验，碳酸钙防垢率分别为 95.06%、95.34%、95.42%，平均防垢率为 95.27%。

表 5–6　正交实验方案及结果

试验号		聚合温度（℃） A	聚合时间（h） B	n（IA）：n（TEA）：n（SAS）：n（AM） C	引发剂用量（%） D	防垢率（%）
1		1	1	1	1	36.86
2		1	2	2	2	89.14
3		1	3	3	3	88.86
4		2	2	1	3	63.50
5		2	3	2	1	78.65
6		2	1	3	2	74.23
7		3	3	1	2	85.73
8		3	1	2	3	93.21
9		3	2	3	1	94.84
平均防垢率	K_1	72.29	68.10	62.03	70.11	—
	K_2	72.13	82.49	87.00	83.03	—
	K_3	91.26	84.41	85.98	81.86	—
极差 R		19.13	16.31	24.97	12.92	—

（四）聚天冬氨酸性能评价

1. 聚天冬氨酸的水溶解性、固含量质量分数、碳酸钙防垢率测定

在自然光下观察，烧杯内测定条件下的聚天冬氨酸液体澄清透明，液面上无漂浮物且烧杯底部无沉积物，判定试样为溶解。测定聚天冬氨酸固含量质量分数为55.56%。在温度为70℃、pH ＝ 12、防垢剂加量为3mg/L时，测定碳酸钙防垢率为95.20%。

2. 聚天冬氨酸的红外分析

利用红外光谱对合成的防垢剂进行结构分析。PASP的红外光谱如图5-8所示。红外光谱中各特征吸收波数分别为3456.22cm^{-1}、1587.74cm^{-1}、1669.88cm^{-1}、1402.58cm^{-1}、1313.54cm^{-1}。产物在1587cm^{-1}附近是酰氨基的吸收峰；在1600cm^{-1}附近有峰，这是酰氨基中的羧基的特征峰；3456cm^{-1}出现的二级酰胺中的N—H键的伸缩吸收峰，这说明聚合物中含大量的二级酰胺键；在1400cm^{-1}附近的二重峰是羧酸根的反对称伸缩吸收峰和对称伸缩吸收峰；对照文献可以推断合成的产品是聚天冬氨酸。

（五）聚天冬氨酸的碳酸钙垢防垢率影响因素

1. ρ（聚天冬氨酸）对碳酸钙垢防垢率影响

防垢剂在溶液中通过螯合、分散和晶格畸变等作用防止垢的形成和沉积。通常情况下，防垢剂有一个最佳浓度，低于或高于该浓度时阻垢效果均会降低，防垢剂这种奇特的效应被称为“溶限效应”。在温度为70℃、pH ＝ 12、其他条件固定不变时，应用防垢剂的碳酸钙垢防垢率的测定方法，测定聚天冬氨酸不同质量浓度时的碳酸钙垢防垢率结果如图5-9所示。防垢剂加量在2~7mg/L，碳酸钙垢防垢率随防垢剂加量的增加先增大后减小，防垢剂加量在5mg/L时，碳酸钙防垢率最大。

2. 体系pH值对碳酸钙垢防垢率的影响

在防垢剂加量为5mg/L，温度为70℃时，其他条件和测定方法同上的体系条件下，进一步研究了体系pH值对聚天冬氨酸碳酸钙垢防垢率的影响。在pH值为7~12测定聚天冬氨酸碳酸钙垢防垢率结果如图5-10所示。在pH值为7~12，碳酸钙垢防垢率随体系pH值的增大而增大。由于PASP溶于水后发生电离，生成带负电的分子链，随着pH值的增加，PASP在水中的离解作用增强，分子链上的电荷密度增大，有利于吸附在以离子键结合的$CaCO_3$微晶上，从而抑制碳酸钙晶体的进一步增长，提高防垢率。

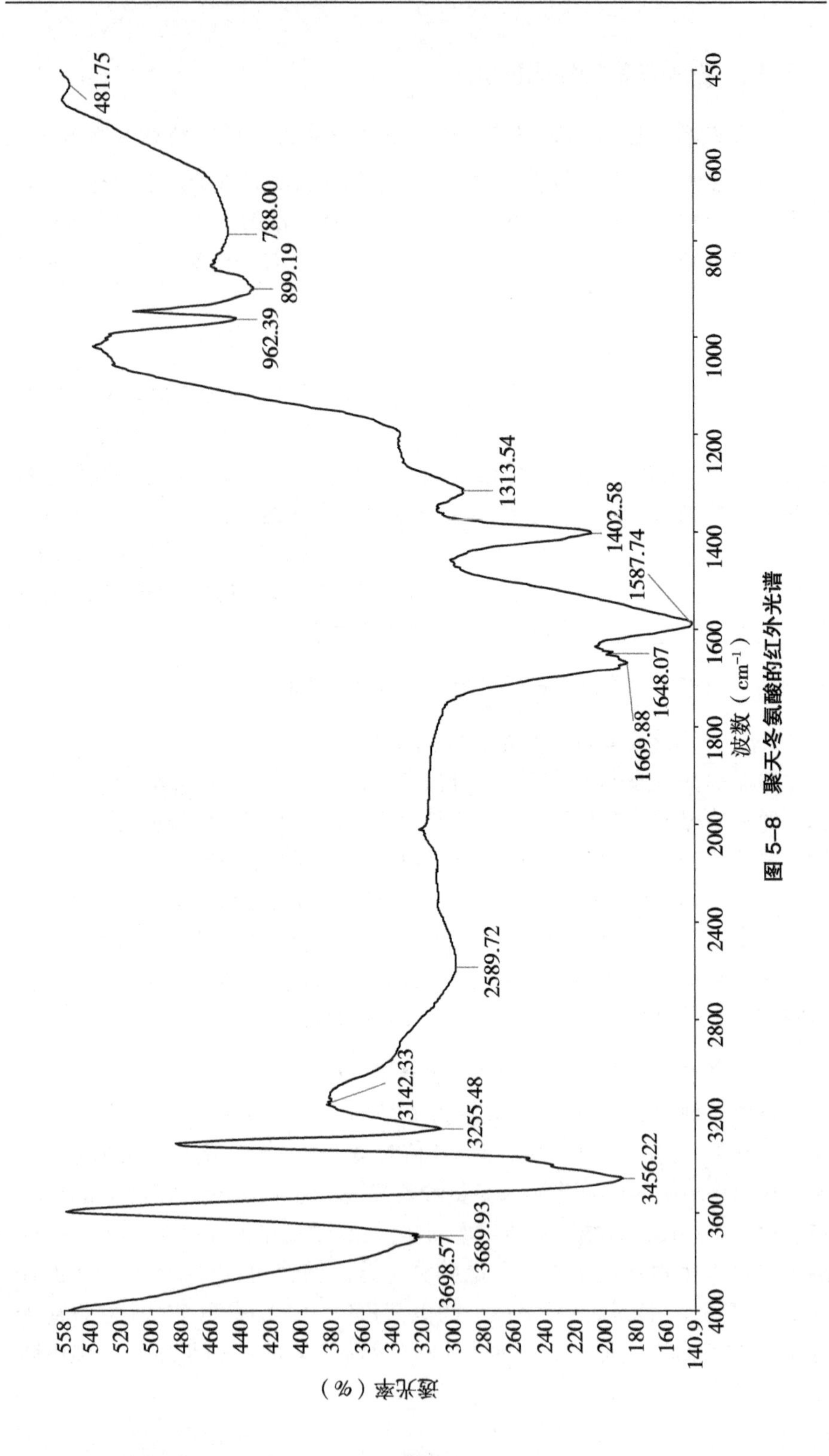

图 5-8 聚天冬氨酸的红外光谱

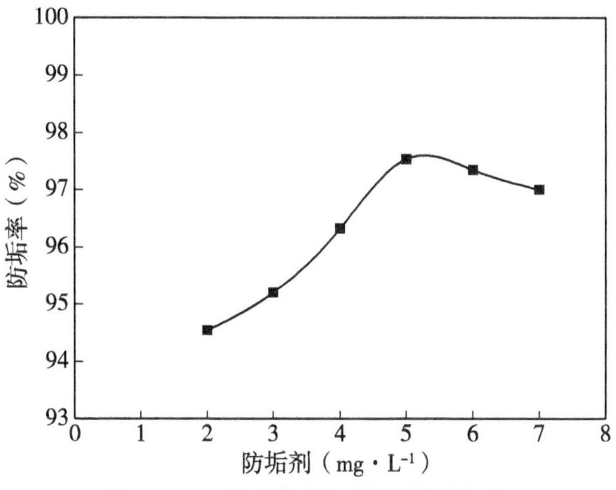

图 5-9　不同质量浓度防垢剂的防垢率

3. 温度对碳酸钙垢防垢率的影响

温度可以改变易结垢盐类的溶解度，随着温度的升高，$CaCO_3$ 的溶解度降低，逐渐析出而结垢。同时，温度升高还会使 $Ca(HCO_3)_2$ 分解产生 $CaCO_3$ 而结垢，该反应为吸热反应，温度升高，平衡向右移动，有利于 $CaCO_3$ 的析出，从而使溶液中 Ca^{2+} 浓度减小。在防垢剂加量为 5mg/L，pH 值为 12 时，其他条件和测定方法同上，测定温度为 50~90℃聚天冬氨酸对碳酸钙垢防垢率结果如图 5-11 所示。温度对碳酸钙垢防垢率有一定的影响。当温度控制在 50~90℃时，聚天冬氨酸对碳酸钙垢防垢率随着温度的升高而降低，但防垢率都在 90% 以上，这说明聚天冬氨酸的耐温性较好。

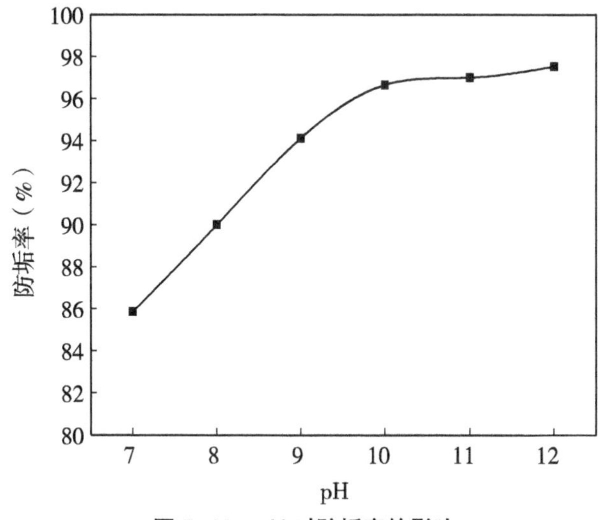

图 5-10　pH 对防垢率的影响

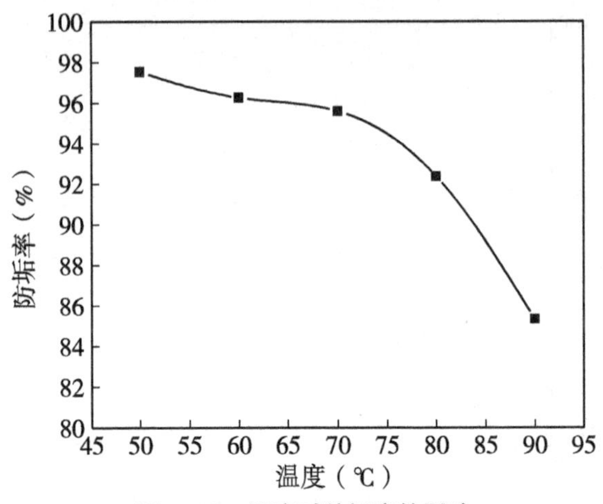

图 5-11　温度对防垢率的影响

四、硅垢防垢剂 ACAA

（一）共聚物 ACAA 的制备与结构表征

在装有回流冷凝器、滴液漏斗的四口烧瓶中加入 50% 乙醇和定量的乌头酸（AA），置于 50℃恒温水浴锅内，使用转速为 800r/min 的电动搅拌器均匀搅拌，待 AA 完全水解后将温度升至 70℃，依次加入 CA、AMPS、AC，搅拌均匀后缓慢滴入过硫酸铵，聚合时间 3h，经甲醇提纯后最终得到淡黄色黏稠状共聚产物 ACAA。将 KBr 与少量烘干后的 ACAA 研磨制片，用红外光谱仪进行结构表征。

（二）共聚物 ACAA 的性能评价

1. 共聚物 ACAA 的水溶性测定

于 200mL 烧杯中配制质量分数为 1% 的共聚物防垢剂水溶液，室温下在转速为 300r/min 的磁力搅拌器上搅拌 5min 后，静置于 25℃恒温水浴锅内 10min，取出烧杯于自然光下观察。

2. 共聚物 ACAA 的固含量测定

分别将加入 10mL ACAA 前后的干燥烧杯质量记为 m_1、m_2，将装有 ACAA 的烧杯在 120℃的烘箱中干燥 30min 后称量（m_3），按下式计算共聚物的固含量 S。

$$S = \frac{m_3 - m_1}{m_2 - m_1} \times 100\%$$

（三）共聚物 ACAA 对硅垢防垢率的测定及防垢机理分析

配制 1000mg/L（以 SiO_2 计）的 Na_2SiO_3 溶液，加入适量 $CaCl_2$、$MgCl_2$、$NaHCO_3$ 固体及 ACAA。用 1 ∶ 1（*V* ∶ *V*）盐酸调节溶液 pH 值约为 7，于水浴锅恒温（60℃）加热 8h 后取出，用 0.45μm 微滤膜抽滤后烘干，同时做不加 ACAA 的空白实验，其他步骤相同。将加入 ACAA 前后的垢样进行 XRD、SEM 对比分析，探讨防垢剂 ACAA 的防垢机理；取滤液采用硅钼蓝法测定共聚物对硅垢的防垢效果并计算其防垢率。分别讨论温度、pH 值和加量对 ACAA 防垢效果的影响。

（四）共聚物 ACAA 合成工艺条件的确定

1. 单因素试验

在 pH=8、温度为 60℃、ACAA 加量 100mg/L 的条件下，以聚合温度、聚合时间、引发剂用量及单体配比为变量，防垢率为考察指标，研究各聚合条件对共聚物防硅垢性能的影响。分别在固定聚合温度 70℃、聚合时间 3 h、引发剂用量 15%、单体摩尔比 *n*（AA）∶ *n*（CA）∶ *n*（AC）∶ *n*（AMPS）为 2.0 ∶ 1.5 ∶ 1.0 ∶ 0.8 的条件下，改变其他变量进行单因素实验，结果如表 5-7 所示。随着聚合温度的升高和聚合时间的延长，硅垢防垢剂 ACAA 的防垢率先增加后降低；当引发剂用量占单体总质量的 5%~15% 时，防垢率逐渐上升，当引发剂量多于 15% 时，防垢率降低；随单体配比的增加，ACAA 的防垢率也先上升后下降。单体用量可直接或间接影响聚合物中各官能团之间的协同作用，进而影响防垢率的高低。由此可见，聚合温度、聚合时间、引发剂用量及单体配比对聚合物防垢剂性能均有一定影响，应综合考察合成的最佳条件。

表 5-7　单因素试验防垢率测定结果

项目	测定结果			
聚合温度（℃）	50	60	70	80
防垢率（%）	75.58	84.87	87.12	83.93
聚合时间（h）	2	3	4	5
防垢率（%）	72.54	83.93	80.84	78.61
引发剂加量（%）	5	10	15	20
防垢率（%）	70.06	75.67	83.93	73.98
单体摩尔配比	2.0 ∶ 0.5 ∶ 1.0 ∶ 0.4	2.0 ∶ 1.0 ∶ 1.0 ∶ 0.6	2.0 ∶ 1.5 ∶ 1.0 ∶ 0.8	2.0 ∶ 2.0 ∶ 1.0 ∶ 1.0

续表

项目	测定结果			
防垢率（%）	69.82	77.61	83.93	82.60

2. 正交试验

以聚合温度（A）、聚合时间（B）、单体摩尔配比（C）及引发剂用量（D）为实验因素，硅垢防垢率为考察指标，选择 $L_9(3^4)$ 正交表进行四因素三水平实验，结果如表 5-8 所示。四种因素对 ACAA 防垢性能的影响程度由大到小的顺序依次为：C>B>A>D，即单体配比 > 聚合时间 > 聚合温度 > 引发剂用量。最佳合成条件为：聚合温度 70℃、聚合时间 3 h、引发剂加量 15%、单体配比 *n*（AA）：*n*（CA）：*n*（AC）：*n*（AMPS）= 2.0：1.5：1.0：0.8。于自然光下观察合成产物水溶液为澄清透明，液面无悬浮物且杯底无沉淀，测得固含量为 58.19%。在最佳条件下进行三组验证性实验，测得产物对硅垢的防垢率分别为 75.26%、73.75%、76.14%，平均防垢率为 75.05%。

表 5-8 四因素三水平正交试验设计及结果分析

试验号	聚合温度（℃）A	聚合时间（h）B	*n*（IA）：*n*（TEA）：*n*（SAS）：*n*（AM）C	引发剂用量（%）D	防垢率（%）
1	65	2.0	2.0：1.2：1.0：0.7	9	65.02
2	65	3.0	2.0：1.5：1.0：0.8	12	71.38
3	65	4.0	2.0：1.8：1.0：0.9	15	69.05
4	70	2.0	2.0：1.8：1.0：0.9	12	72.54
5	70	3.0	2.0：1.2：1.0：0.7	15	70.96
6	70	4.0	2.0：1.5：1.0：0.8	9	69.58
7	75	2.0	2.0：1.5：1.0：0.8	15	66.76
8	75	3.0	2.0：1.8：1.0：0.9	9	69.68
9	75	4.0	2.0：1.2：1.0：0.7	12	71.36
K_1	68.48	68.11	68.09	69.11	—
K_2	71.03	70.67	71.76	69.24	—
K_3	69.27	70.00	68.92	70.42	—
极差 *R*	2.55	2.56	3.67	1.31	—

（五）共聚物 ACAA 的结构表征

由图 5-12 可知，3440 cm^{-1} 处的特征吸收峰为—NH—（酰胺）和—OH 的伸缩振动峰；2619 cm^{-1} 处为羧基中—OH 的伸缩振动吸收峰；1634 cm^{-1} 处为—C=O 的伸缩振动吸收峰；在 1404 cm^{-1} 附近出现碳氢的弯曲振动吸收峰；1223 cm^{-1} 附近出现 C—N 键伸缩振动峰。由此可以推断产物含有羧基、羰基、酰氨基等官能团，推测化学结构式为：

$$\left[-H_2C-\underset{COOH}{CH}-\right]_m\left[-\overset{COOH}{\underset{CH_2COOH}{C}}-\overset{COOH}{CH}-\right]_n\left[-\overset{O}{\overset{\|}{C}}-CH_2-\underset{CH_2COOH}{CH}-O-\right]_p\left[-CH_2-\underset{O=C-NH-C(CH_3)_2-CH_2SO_3H}{CH}-\right]_q$$

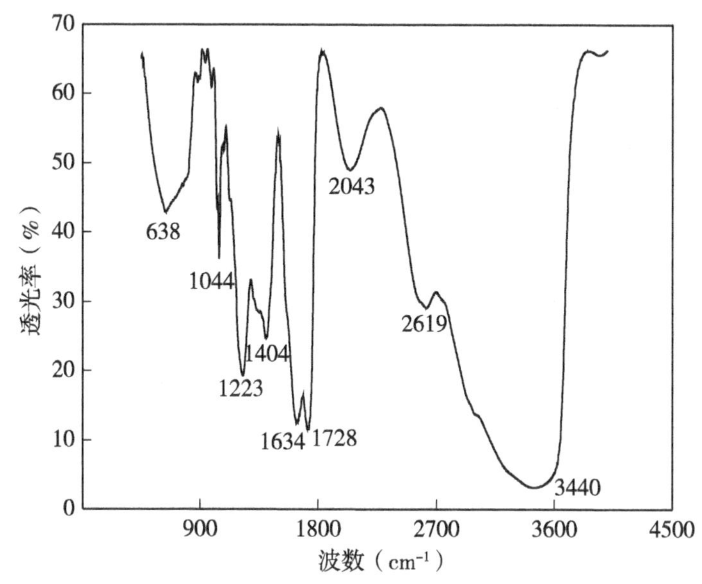

图 5-12　共聚物 ACAA 的红外光谱

（六）共聚物 ACAA 的防硅垢性能与影响因素

在 pH=8、ACAA 加量为 100 mg/L 的条件下，体系温度对 ACAA 防垢率的影响如图 5-13 所示。ACAA 的防垢效果受温度影响较大，耐温性较弱。随体系温度的升高，防垢剂 ACAA 的防垢率整体呈现逐渐降低的趋势。温度在 50~55℃时，防垢率逐渐升高，但当温度高于 55℃时，防垢率降低。这是由于温度过高时，防垢剂在垢晶表面的吸附作用减弱，防垢率下降。

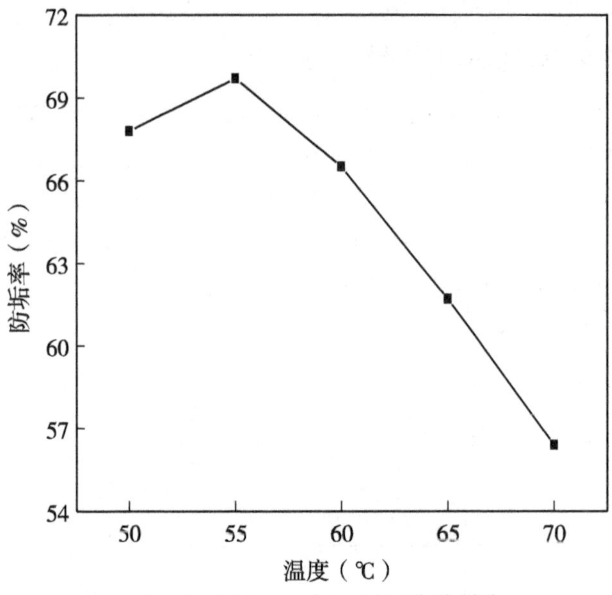

图 5-13　温度对 ACAA 防垢率的影响

在温度为 60℃、ACAA 加量为 100mg/L 的条件下，体系 pH 值对 ACAA 防垢率的影响如图 5-14 所示。防垢率随着体系 pH 值的增大而逐渐降低。pH=7~8 时的防垢率可达 66% 以上，防垢效果良好且较稳定；pH=9~11 时的防垢率均在 55% 以下，防垢效果大大减弱，可见 ACAA 不适用于强碱体系。

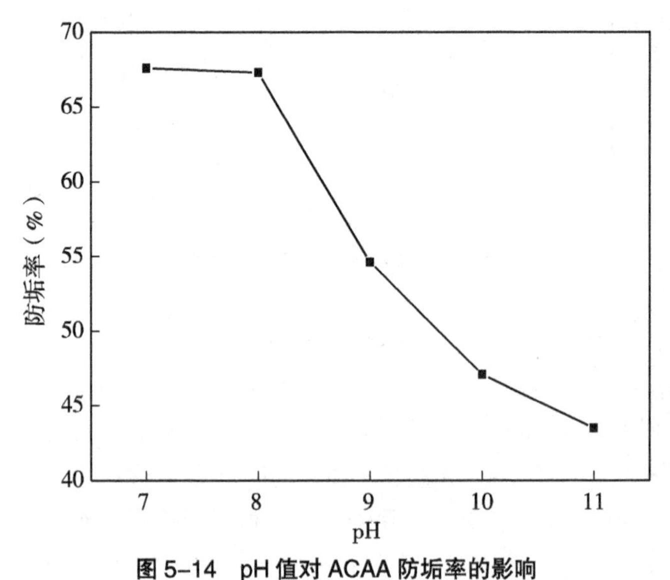

图 5-14　pH 值对 ACAA 防垢率的影响

在 pH=8、温度为 60℃的条件下，ACAA 加量对防垢率的影响如图 5-15 所示。ACAA 加量由 50 mg/L 增至 60 mg/L，防垢率迅速上升；加量超过 60 mg/L 时，防垢率增幅变小。同时考虑防垢效果和节约原材料两方面因素，ACAA 适宜的加量为 80 mg/L。在温度 55℃、pH=8、ACAA 加量 80 mg/L 时，三次平行实验测得 ACAA 对硅垢的防垢率分别为 75.79%、76.51%、76.39%，平均防垢率为 76.23%。

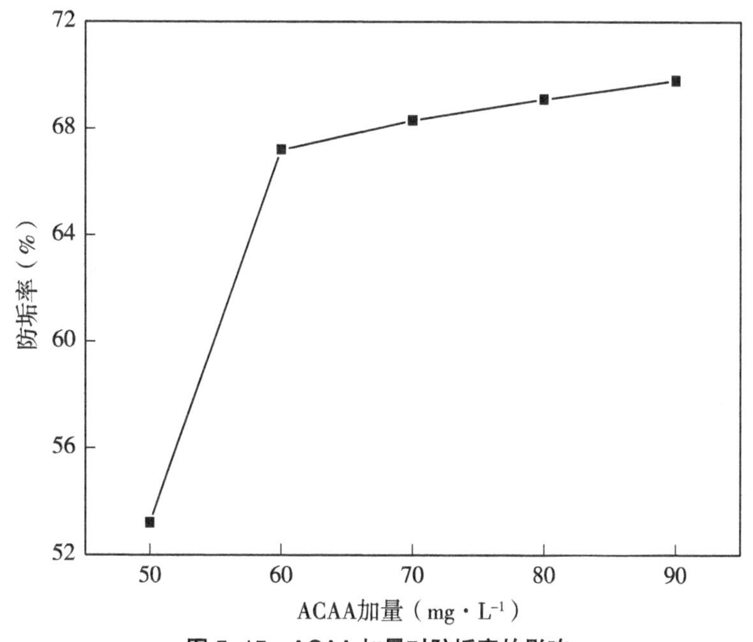

图 5-15　ACAA 加量对防垢率的影响

（七）共聚物 ACAA 的防垢机理分析

1. ACAA 对硅酸垢结构的影响

加入防垢剂前后硅酸垢垢样的 XRD 图谱如图 5-16 所示。由图可见，硅酸垢样出现多处尖峰，主要为 Ca_2SiO_4、$Ca_{14}Mg_2(SiO_4)_8$、Mg_2Si、$CaSi_2$、$Ca_6Si_6O_{17}(OH)_2$ 等多种物质的混合态，峰形较聚集，垢样为晶体；加入 ACAA 后的硅酸垢样在 28°（2θ）左右出现了较宽的衍射峰，整体无尖峰出现，峰形较弥散，这说明加入防垢剂后，硅酸垢主要以无定形结构存在。由此推断，防垢剂 ACAA 分子能阻碍硅酸垢离子转化生成规则的晶体，使硅酸垢以无定形态存在于溶液中而不易形成沉淀，通过延缓和抑制垢体的形成，阻碍晶体生长的正常过程，起到防垢作用。

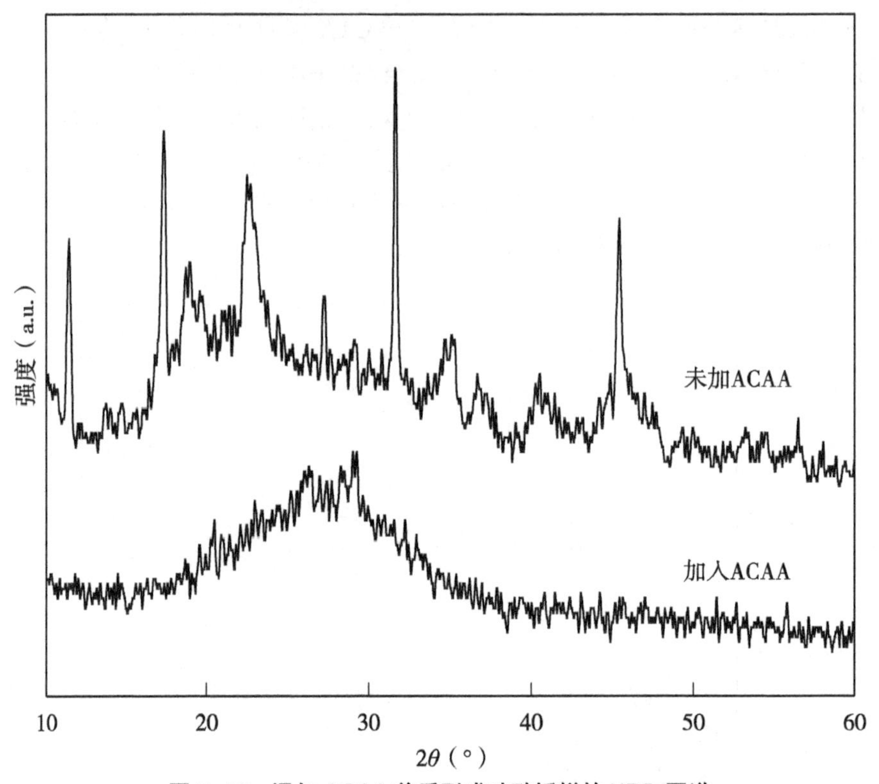

图 5-16　添加 ACAA 前后形成硅酸垢样的 XRD 图谱

2. 垢样的扫描电镜分析

由图 5-17 可知，未添加 ACAA 的垢样晶粒之间紧密交织成团且表面凹凸不平，垢质细密均匀不易溶解。加入 ACAA 垢晶尺寸变小，晶粒之间

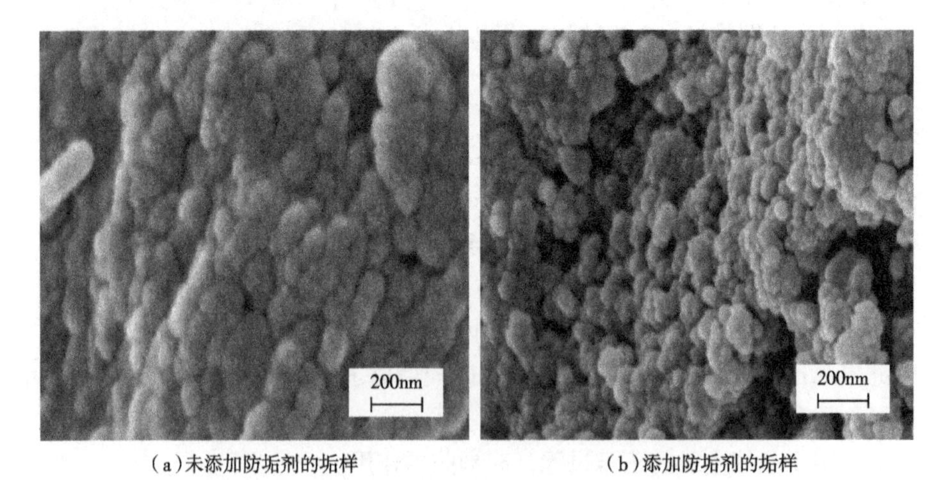

（a）未添加防垢剂的垢样　　（b）添加防垢剂的垢样

图 5-17　添加 ACAA 前后形成垢样的扫描电镜照

出现空隙，排列无规则，易松动。

未添加ACAA的垢样晶粒生长排列紧密，添加ACAA的垢样晶粒生长疏松有空洞，这说明ACAA改变了垢晶的排列顺序，使垢晶无法正常凝结沉积。ACAA分子中含有的大量羧基和羰基等官能团吸附在垢晶表面，各功能基团并存且发挥协同阻垢作用，改变垢层的排列顺序；同时，防垢剂大分子在水中发生电离，吸附在成垢微晶表面的阴离子形成的双电层会转移成垢粒子，使成垢颗粒无法发生碰撞聚集，沉淀物量减少。

综合上述分析结果，推断防垢剂ACAA的防垢机理主要为吸附和分散作用。①吸附作用：垢的形成从微晶开始，成长过程按照一定的晶格排列，因此结晶结构致密而坚硬。加入的防垢剂ACAA分子链中有大量亲核基团，如酰氨基、羧基、羰基等，能吸附在晶体表面，进而掺杂在晶格的点阵中，对无机垢结晶的成长产生干扰，使晶体的晶格发生畸变，晶体在外力作用下容易破裂，妨碍垢的正常生长。②分散作用：大分子聚合物在水中电离出的阴离子与成垢晶粒间发生物理化学吸附，阻碍成垢离子与基团的相互凝结，减少成垢粒子与接触面的接触机会。因此，成垢晶粒被均匀分散于水中，无法聚集成沉淀物。

五、硅垢防垢剂ITSA

（一）四元共聚物ITSA的合成

将70%乙醇和定量的衣康酸加入三口烧瓶中，置于65℃恒温水浴锅中搅拌均匀，待完全水解后依次加入定量的三乙醇胺、烯丙基磺酸钠、丙烯酰胺并继续搅拌均匀，待三口烧瓶中温度升高至65℃后，滴加引发剂过硫酸铵。在65℃下聚合3h，最终得到黄色黏稠状的四元共聚物硅垢防垢剂。

取烘干后的少量四元共聚物与KBr研磨压片，利用天津港东科技发展股份有限公司MB154S傅立叶红外光谱仪对四元共聚物进行结构表征。

分别将加入四元共聚物防垢剂前后的垢样于德国卡尔蔡司公司Zeiss扫描电镜下进行观察分析，同时探讨该防垢剂的防垢机理。

（二）四元共聚物ITSA合成工艺条件的确定

1. 单因素实验

实验以聚合温度、聚合时间、单体配比及引发剂用量为因素，以防垢率为实验指标。考察防垢剂对硅垢的防垢性能影响。实验条件如表5-9所示，结果如图5-18~图5-21所示。

表 5-9 单因素实验条件

图名	聚合温度（℃）	聚合时间（h）	n（IA）：n（TEA）：n（SAS）：n（AM）	引发剂量（%）
图 5-18	X_1	3	1.0 ：1.5 ：0.2 ：1.5	15
图 5-19	70	X_2	1.0 ：1.5 ：0.2 ：1.5	15
图 5-20	70	3	X_3	15
图 5-21	70	3	1.0 ：1.5 ：0.2 ：1.5	X_4

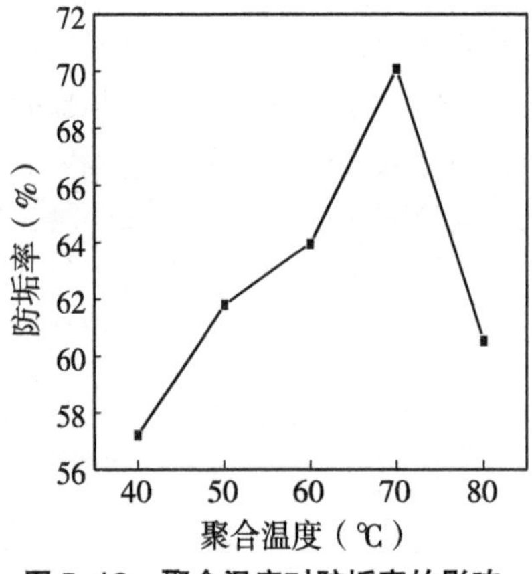

图 5-18 聚合温度对防垢率的影响

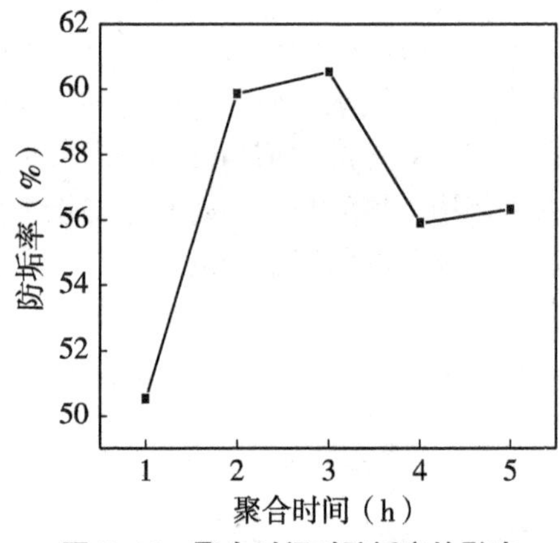

图 5-19 聚合时间对防垢率的影响

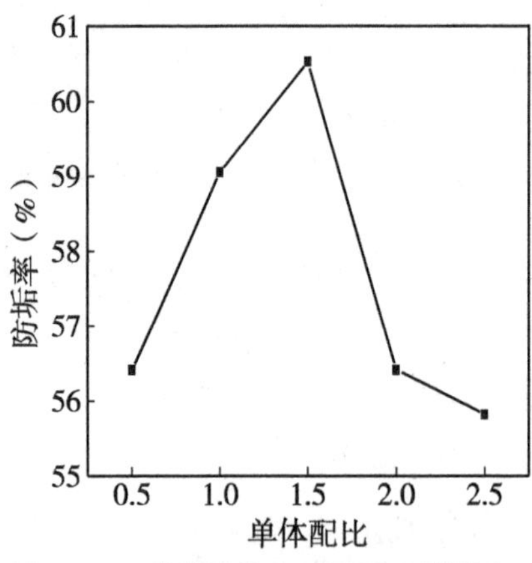

图 5-20 单体配比度对防垢率的影响

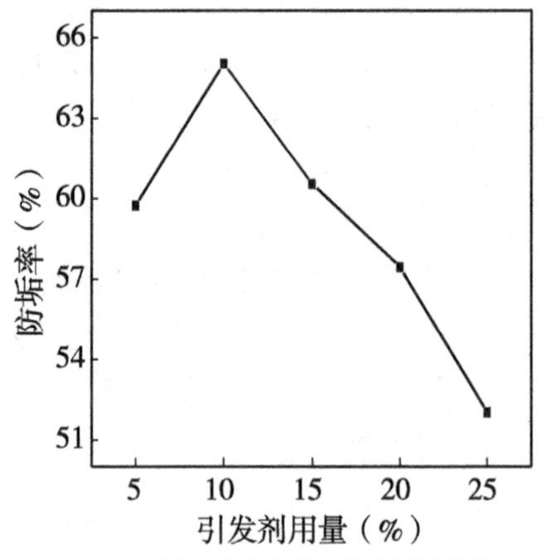

图 5-21 引发剂用量对防垢率的影响

聚合温度对防垢率的影响如图 5-18 所示，由于聚合温度的升高，导致化学反应活性增强，并且增加了目标产物的产率，使防垢率升高，其最佳防垢率值能够达到 70.08%；当温度升高到此最佳值后，引发的自由基会猛烈聚合，促使反应过程中生成大量热量且不易散出，产生了爆聚现象，反而降低防垢率。聚合时间对防垢率的影响如图 5-19 所示，由于反应时间增加，使更多量的反应物转化成目标产物，随之，防垢率会大幅提高，图中观测最佳防垢率值为 60.53%；当超过一定聚合时间后，反应过程中会产生部分副产物，导致防垢率下降。单位配比对防垢率的影响如图 5-20 所示，其他条件不变的情况下，单位配比 n（IA）：n（TEA）：n（SAS）：n（AM）=1.0 ：1.5 ：0.2 ：1.5 时，该共聚物防垢剂存在的最佳防垢率值为 60.53%。其原因为单体用量间接影响共聚物中官能团间的协同作用，进而影响其防垢率的大小。引发剂用量对防垢率的影响如图 5-21 所示，测得的最佳防垢率值为 65.02%。当引发剂用量较少时，产物的分子量偏低，不能称其为高聚物，此时防垢率较低；当引发剂用量高于某值时，产物的分子量会升高，共聚物分子自身可能出现缠绕现象并导致体积变大，从而影响对金属阳离子的螯合作用和对晶体垢的分散能力，防垢效果相应减弱。

2. 正交试验

以聚合温度（A）、聚合时间（B）、单体配比（C）及引发剂用量（D）为试验因素，对每个因素取三个水平。以硅垢防垢率为试验指标，选择 $L_9(3^4)$ 正交表进行试验。正交试验结果如表 5-10 所示。

表 5-10　正交实验结果

试验号	聚合温度（℃）A	聚合时间（h）B	n（IA）：n（TEA）：n（SAS）：n（AM）C	引发剂用量（%）D	防垢率（%）
1	65	2.5	1.0 ：1.2 ：0.2 ：1.5	8	67.27
2	65	3.0	1.0 ：1.5 ：0.2 ：1.5	10	52.16
3	65	3.5	1.0 ：1.8 ：0.2 ：1.5	12	54.09
4	70	2.5	1.0 ：1.5 ：0.2 ：1.5	12	49.32
5	70	3.0	1.0 ：1.8 ：0.2 ：1.5	8	71.48
6	70	3.5	1.0 ：1.2 ：0.2 ：1.5	10	46.70
7	75	2.5	1.0 ：1.8 ：0.2 ：1.5	10	49.66
8	75	3.0	1.0 ：1.2 ：0.2 ：1.5	12	46.70
9	75	3.5	1.0 ：1.5 ：0.2 ：1.5	8	59.20

续表

试验号		聚合温度（℃）A	聚合时间（h）B	n（IA）：n（TEA）：n（SAS）：n（AM）C	引发剂用量（%）D	防垢率（%）
平均防垢率	K_1	54.84	55.42	53.56	65.98	—
	K_2	55.83	56.78	53.56	49.51	—
	K_3	51.86	53.33	58.41	50.04	—
极差 R		5.98	3.45	4.85	16.48	—

由上表可知，各因素对防垢剂的防垢性能影响程度由大到小的顺序依次为：D>A>C>B，即引发剂用量 > 聚合温度 > 单位配比 > 聚合时间。最佳的合成工艺条件为聚合温度 65℃，聚合时间 3h，引发剂用量为 8%，单体配比 n（IA）：n（TEA）：n（SAS）：n（AM）为 1.0 ：1.8 ：0.2 ：1.5。在此条件下进行验证性试验，测得对硅垢的防垢率分别为 72.15 %、71.98 %、72.21%，平均防垢率为 72.11%。

（三）四元共聚物 ITSA 的性能评价

1. ITSA 水溶性测定

四元共聚物 ITSA 防垢剂的水溶液在自然光下观察的结果为整体澄清透明，液体表面无漂浮物且烧杯底层无杂质，这说明此四元共聚物为水溶性聚合物。

2. ITSA 固含量测定

由实验测得：m_1=71.689g ；m_2=83.361g ；m_3=73.352g

固含量：$S=\dfrac{m_3-m_1}{m_2-m_1}=13.85\%$

3. ITSA 对硅垢防垢率的影响因素

体系 pH 对防垢率的影响如图 5–22 所示，随着 pH 的升高，四元共聚物防垢剂的防垢率呈现逐渐降低的趋势。体系 pH 为 7~8 时防垢率在 65% 以上，此时具有良好的防垢效果；当体系 pH 为 9~11 时防垢率低于 60%，这说明该四元共聚物防垢剂不适合应用于强碱体系。

体系温度对防垢率影响如图 5–23 所示，随着体系温度的升高，四元共聚物防垢剂的硅垢防垢率出现逐渐减小的情况。当温度为 40~60℃时，防垢剂的防垢率变化趋势较缓和，而当温度高于 50℃时防垢率则呈现大幅下降的趋势，这说明四元共聚物的防垢率受温度影响较大，耐温性较弱。

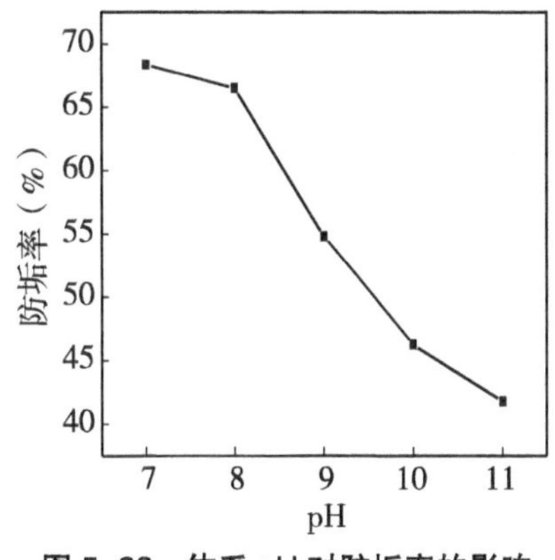

图 5-22 体系 pH 对防垢率的影响

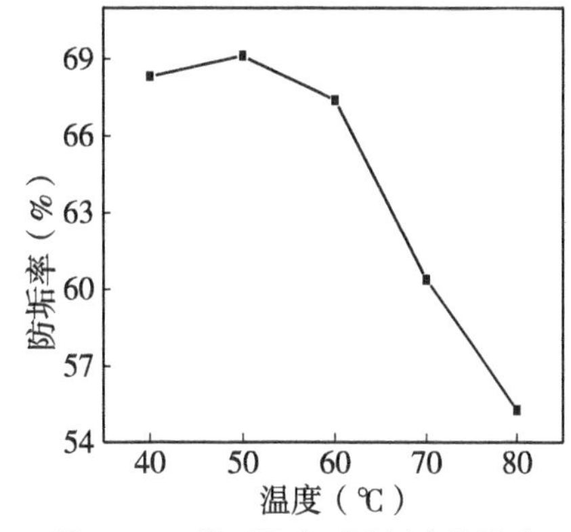

图 5-23 体系温度对防垢率的影响

（四）四元共聚物 ITSA 红外光谱分析

衣康酸、三乙醇胺、烯丙基磺酸钠、丙烯酰胺四元共聚物红外光谱如图 5-24 所示，于 3354cm^{-1} 处出现的特征吸收峰归属于—OH 和—NH_2（酰胺）的伸缩振动峰；2091cm^{-1} 处的特征吸收峰碳氢的伸缩振动吸收峰；1668cm^{-1} 处出现—C=O（酰胺）的伸缩振动吸收峰；在 1403cm^{-1} 附近出现碳氢的弯曲振动吸收峰；1121cm^{-1} 附近出现—SO_3 的伸缩振动吸收峰；617~1121cm^{-1} 附近出现 C—H 键伸缩振动峰。因此由以上分析结果可以准确推断出此四元共聚物中应含有羧基、酰氨基及磺酸基等官能团。

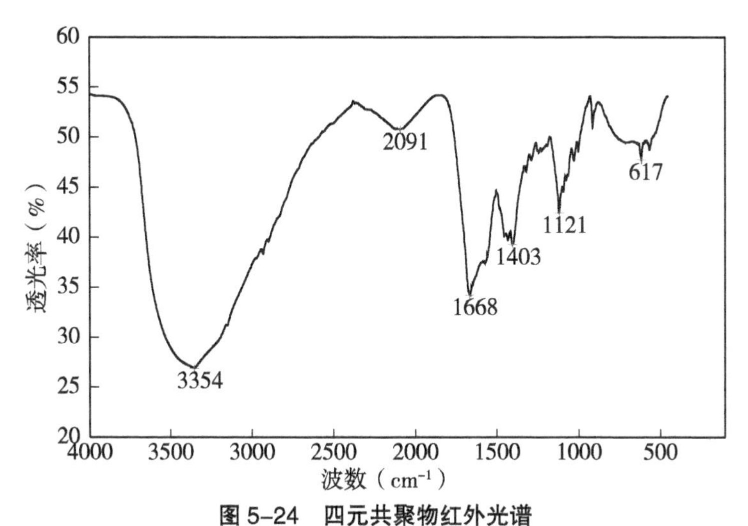

图 5-24 四元共聚物红外光谱

由红外光谱图分析四元共聚物 ITSA 的化学式为：

$$-\!\left[CH_2-\underset{CH_2COOH}{\overset{O=C-N(CH_2CH_2OH)-CH_2CH_2OH}{C}}\right]_m\!-\!\left[CH_2-\underset{H_2C-SO_3Na}{\overset{H}{C}}\right]_n\!-\!\left[CH_2-\underset{O=C-NH_2}{\overset{H}{C}}\right]_p\!-$$

（五）垢样的扫描电镜分析

四元共聚物 ITSA 防垢剂加入前后垢样扫描电镜如图 5-25 和图 5-26 所示。由图 5-25 可知，未加防垢剂的垢样晶粒尺寸较小，排列紧密，规则有序，各个晶粒交织在一起沉积吸附在管壁内侧形成难以冲刷的垢。由图 5-26 可知，添加防垢剂的垢样晶粒数目少而且尺寸较大，各个晶粒之间有空隙，排列无规则，从而形成垢层疏松容易被水流冲刷的垢。

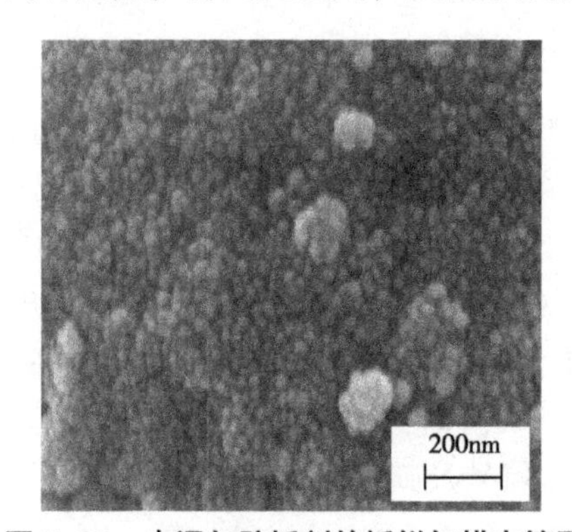

图 5-25　未添加防垢剂的垢样扫描电镜图

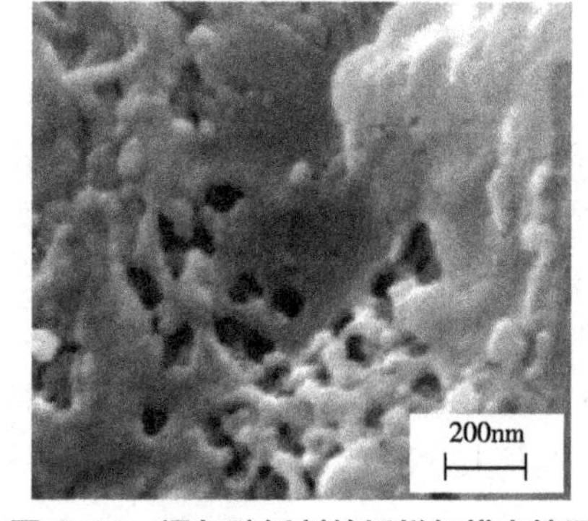

图 5-26　添加防垢剂的垢样扫描电镜图

由图 5-25 和图 5-26 对比可知，未添加防垢剂的垢样晶粒生长是严格有序的，添加防垢剂的垢样晶粒生长是杂乱无章的，这说明添加防垢剂后发生了晶格畸变，防垢剂粒子会吸附到晶体的活性生长点上，阻碍晶格的正常成长，使晶格歪曲而形成形状不规则的晶体。部分吸附在晶体上的防垢剂分子随着晶体增长进入晶体的晶格中，占据了晶体内的正常生长点，进而在垢层中间形成空洞，使形成的垢的硬度降低。另外，防垢剂作为大分子的聚合物，其防垢机理表现为分散作用，防垢剂在水中解离出阴离子，阴离子在与水中成垢晶体发生碰撞后，会吸附在这些晶体表面而形成双电层，把成垢晶粒分散开，阻止成垢粒子间的相互接触和凝聚，避免了颗粒碰撞后长大聚集，降低了成垢概率，从而阻止垢的生长。防垢剂不仅能吸附成垢晶粒上，也能吸附于接触面上形成吸附层，既阻止了颗粒在接触面上的沉积，又避免颗粒沉积物与接触面紧密接触。

第六章　原油乳状液与破乳

第一节　原油乳状液及其性质

一、原油乳状液概述

原油含水是世界上大多数油田原油生产的共同特点，油田原油和水（包括地层水、注入水等）所形成的乳状液是地球上数量最多的乳状液。尽管在油田发现的大部分乳状液是很规则的油包水（W/O）型，但偶尔也会发生反相，变成水包油（O/W）型。

原油乳状液之所以比较稳定，主要是由于原油中含有胶质、沥青质、环烷酸类等天然乳化剂以及微晶蜡、细砂、黏土等微细分散的固体物质。这些物质在油水界面形成较牢固的保护膜，使乳状液处于稳定状态。

二、影响原油乳状液稳定的因素

（一）界面张力

从热力学角度说，原油乳状液是一个不稳定体系，容易破乳，但是由于原油中含有大量的表面活性剂，使原油乳状液的稳定性增强。乳状液体系界面面积比较大，因而会有一定量的界面自由能。界面张力并不是乳状液稳定的决定性因素，界面张力高低主要表明乳状液形成的难易程度。在开采过程中，会有酸化、压裂、驱油等过程，在这些过程中会注入大量的表面活性剂，以降低油水界面张力。

（二）界面膜的性质

界面膜的强度和界面膜中乳化剂分子排列的紧密程度是影响乳状液稳定的最主要因素。界面膜的机械强度和黏弹性越好，乳化剂分子越不容易脱附，乳状液越稳定。

实践中人们发现，混合乳化剂形成的复合膜具有相当高的强度，不易破裂，所形成的乳状液很稳定。例如，经提纯的十二烷基硫酸钠，临界胶束浓度（cmc）为 8×10^{-3}mol/L，此浓度时界面张力约为 38mN/m，一般十二烷基硫酸钠商品中常含有十二醇，其临界胶束浓度大为降低，界面张力下降到 22mN/m，而且此混合物溶液的表面黏度及起泡能力大大增加。提高乳化效率，增加乳状液稳定性的一种有效方法是使用混合乳化剂。

（三）扩散双电层

胶体质点上的电荷有三个主要来源，即电离、吸附和摩擦接触。在乳状液中，电离和吸附是同时发生的，二者的区别常常很不明显。电离和吸附同时存在最终形成双电层，如图 6-1 所示。

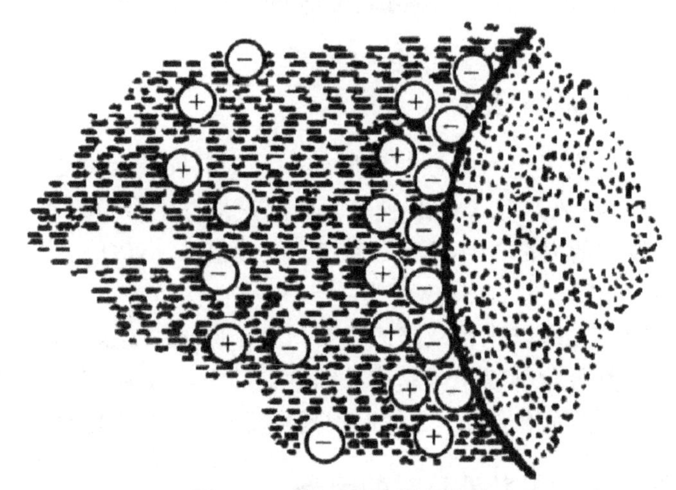

图 6-1　在油水界面的双电层

（四）温度对原油乳状液的影响

由于原油与水的体积膨胀系数不同，温度升高时二者的密度虽然都趋于降低，但降低的幅度不同，所以密度差会发生变化。

原油乳状液中的水珠与原油一起被加热后，密度变小，体积膨胀，会使油水界面膜受内压而变薄，机械强度相应降低，这对乳状液的稳定是不利的。由于温度升高，会使起乳化作用的石蜡、胶质、沥青质在原油中的溶解度相应提高，也会进一步改变油水界面膜的机械强度，降低乳状液的稳定性。

（五）原油黏度对原油乳状液的影响

原油黏度的增加会增大摩擦阻力，使分散相液珠的运动变慢，液珠间的碰撞聚结越难，越有利于乳状液的稳定。由于稠油的黏度明显高于稀油，并且其中的胶质、沥青质是天然的成膜物质，其在稠油中的成分含量较高，因此，稠油中的乳状液稳定性更好。

三、原油乳状液的性质

（一）原油乳状液的物理性质

纯净的原油因组成不同有黄、红、绿、棕红、咖啡色等不同颜色之分，但对一般重质油而言，大多数外观呈黑色。当原油乳状液分散相的液珠直径为 0.1~10μm，体积分数为 0.001~0.95，相对密度为 0.8~1.06。

原油乳状液的黏度与原油的性质、水的性质、油水体积比、乳状液的类型、乳化程度、温度、剪切速率等因素有关。升温可以降低原油乳状液的黏度。通常情况下，高黏度原油形成的乳状液稳定性较好，如重油乳状液比稀油乳状液的稳定性要好。化学破乳过程中常伴随加热过程，就是为了降低原油的黏度，增强化学破乳的效果。乳状液的稳定性随着存放时间的延长而增加的现象被称为乳状液的“老化”。因此，经过“老化”后的原油乳状液的破乳难度较大。原油乳状液的破乳过程是一种自发的过程，所以原油乳状液具有热力学不稳定性。

（二）原油乳状液的电学性质

电导的测定方法是在一定温度下，取面积为 $1cm^2$ 的两个平行相对的电极，其间距为 1cm，中间放置 $1cm^3$ 的原油或已知含水率的原油乳状液，则此时测出的电导值为该原油或原油乳状液的电导率。纯原油的介电常数为 2.0~2.7；而水的介电常数为油的 40 倍，达到 80。如果原油与水形成乳状液，介电常数将发生明显变化，当含水率小于 50% 时，介电常数与含水率存在线性关系；当含水率超过 50% 时，油包水型乳状液和部分游离水的混合物同时存在于体系中，导致介电常数的突然变化。原油乳状液的介电常数与含水率、烃类组成、压力、密度、含气量及温度等因素有关。

由于原油乳状液中的水珠大多带电，故在电场作用下会发生电泳。水珠在电场中的移动速度叫电泳速度，其数值大小可按下式计算：

$$V=\frac{\zeta\epsilon E}{4\pi\eta}$$

式中：V——电泳速度，m/s；

ζ——Zeta 电位，V；

E——电极间的电位梯度，V/m；

ϵ——原油的介电常数；

η——原油的黏度，m^2/s。

第二节　原油脱水方法和原理

原油脱水的关键在于原油乳状液的破乳，破乳过程分为凝聚（coagulation）、聚结（coalescene）和沉降（sedimentation）三个过程，在凝聚过程中，分散相的液珠聚集成团，但乳状液的液珠之间有相当的距离，这些珠团往往是可逆的，按分层的观点来看，珠团像一个小水滴，若珠团与介质间的密度差足够大，则能使分层加速，若乳状液足够浓，则黏度显著增加。聚结是脱水的关键，在此过程中，珠团合并成一个大水滴，是不可逆的，造成液珠数目减少和原油乳状液被完全破坏。完成聚结后，大水滴借助重力的作用依靠与原油的密度差沉降分离出来。综上，破乳、聚结与沉降分离构成了原油的整个脱水过程。在由凝聚所产生的聚集体中，乳状液的液珠之间可以有相当的距离，光学技术已经证明，这种间距的数量级要大于100Å（1Å=0.1nm）。

一、物理沉降分离

重力沉降是利用油水两相的密度差进行破乳。在重力作用下，由于密度的差异，油相上浮，水相下降，液珠聚结，从而达到两相分离的效果。自然沉降多用于油田现场开采出原油中悬浮水的脱除，或作为高含水原油脱水前的预处理。这种方法设备简单、操作容易、绿色环保，可以有效脱除原油中大部分的悬浮水，但耗时长、效率低下，往往需要静置数十小时甚至几天，需要多个原油储罐，不能满足连续工作的需要。

Stocks 定律深刻地描述了沉降分离的基本规律，该定律的数学表达式为：

$$V=\frac{2r^2\left(\rho_1-\rho_2\right)g}{9\eta}$$

式中：V——水珠沉降速度，cm/s；

r——水珠半径，cm；

ρ_1——水的密度，kg/L；

ρ_2——油的密度，kg/L；

g——重力加速度，980cm/s^2；

η——原油的黏度，100mPa · s。

定量地直接计算脱水效果会带来较大的误差，但定性地利用该公式作原油脱水难易程度的衡量是可行的，所以通过该公式的指导，可以采用一系列有效的方法和措施来提高乳状液的破乳效率。

二、电脱水

电脱水法的基本原理是利用水是导体，油是绝缘体这一物理特性，将W/O 型原油乳状液置于电场中，乳状液中的水滴在电场作用下发生变形、聚结而形成大水滴，从油中分离出来。1909 年，人们开始研究电脱水技术，美国 FG Cottrell 博士研究了原油乳状液通过静电聚集合并的方法来实现破乳。1918 年，FM Seibert 等进行了直流电场对油水混合物进行破乳的实验研究，并且第一次提出了分散相液滴是通过电泳聚结和偶极聚结两种方式进行脱水的，从此直流电脱水开始应用于生产运行中。

（一）偶极聚结

置于电场中的 W/O 型乳状液的水珠，由于电场的诱导而产生偶极极化，正负电荷分别处于水珠的两端，如图 6-2 所示。在电场中的所有水珠，都受到此种诱导而发生偶极极化，所以相邻两个水珠的靠近一端，恰好成为异性，相互吸引，其结果是两个水珠合并为一体。由于外加电场是连续的，这种过程的发生呈“链锁反应”。原油在输送过程中，由于摩擦作用带有一定量正负电荷的水滴在电场力作用下发生电泳现象，致使水滴间相互碰撞聚结变成大水滴，以达到破乳的目的。

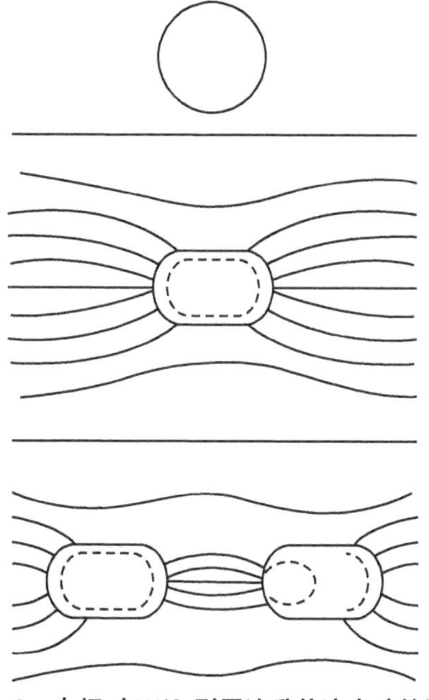

图 6-2　电场对 W/O 型原油乳状液水珠的影响

（二）电泳聚结

乳状液的液珠一般都带有电荷，在直流电场的作用下，会发生电泳。在电泳过程中，一部分颗粒大的水珠会因带电多而速度快，速度的快慢会使大小不同的水珠发生相对运动，碰撞、合并增大，当增大到一定程度时即从原油中沉降分出。其他未发生碰撞或碰撞、合并后还不够大的水珠，会一直电泳到相反符号的电极表面，在电极表面相互聚集（接触而未合并）或聚结在一起，然后从原油中分出。乳状液在直流电场中的这种电泳过程，会使水珠聚结，所以又称为电泳聚结。

另外，电泳作用还使更小的水滴在一定情况下抵达极板，获得电荷后立即弹回，并反向移动，增加了水滴间的聚结机会，水滴聚结到一定程度，依靠重力沉降到下层，实现油水分离，以达到破乳的目的。

三、化学破乳法

化学破乳法是常见的原油乳状液破乳方法，该方法是在原油乳状液中加入一种或几种化学破乳剂，以降低油、水界面膜的强度，配合加热和搅拌等条件，达到撕裂界面膜、实现水珠聚结、完成油水分离的目的。向原油乳状液中添加化学助剂，破坏其乳化状态，使油水分离成两层，这种化学助剂叫破乳剂。破乳剂一般是表面活性剂或是含有两亲结构的超高分子表面活性剂。

破乳剂经搅拌会在油水界面溶解，由于破乳剂的界面活性高于原油中成膜物质的界面活性，能在油水界面上吸附或部分置换界面上吸附的天然乳化剂，并且与原油中的成膜物质形成具有比原来界面膜强度更低的混合膜，使界面膜遭到破坏，将膜内包裹的水释放出来。释放出的小水滴相互聚结形成大水滴，依靠自身重力沉降到底部，实现油水两相分离，以达到破乳的目的。

第三节　原油化学破乳剂与评价方法

原油破乳方法由最初的物理沉降法，发展到用表面活性剂破乳，破乳理论和技术日趋完善。近年来，破乳剂向着低温、高效、适应性强、无毒、不污染环境的方向发展，因此，要求破乳剂不仅具有高效破乳能力，还要有一定的缓蚀、阻垢、防蜡及降黏等综合性能。

一、原油破乳剂的分类

（一）按分子量大小分类

按分子量大小，破乳剂可划分为低分子量破乳剂、高分子量破乳剂等。

1. 低分子量破乳剂

分子量在1000以下的破乳剂为低分子量破乳剂，如无机酸、碱、盐；二硫化碳、四氯化碳；醇类、酚类、醚类等。这类物质虽然不是表面活性剂，但却能以其强烈的聚集、中和电性、溶解界面膜等方式破坏乳状液，此类破乳剂由于成本低，脱水效果差，现已停止使用。

2. 高分子量破乳剂

高分子量破乳剂指分子量为1000~10000的非离子型聚氧乙烯聚氧丙烯醚。这类破乳剂具有较高的活性和较好的脱水效果，不仅能降低净化油的含水率，而且能使脱出水的含油率下降，水色更为清澈。如我国的AE、AP、BP、RA等型号和德国的王牌产品Caissolan4400、4411、4422、4433等属于这类物质。

（二）按聚合段数分类

按聚合段数，破乳剂可划分为二嵌段聚合物和三嵌段聚合物。

1. 二嵌段聚合物

目前，国内外使用最多的化学破乳剂为非离子型聚氧乙烯聚氧丙烯醚。在非离子型破乳剂合成过程中，将起始剂（含有活泼氢）与一定比例的环氧丙烷（PO）先配制成“亲油头”（此为第一段），然后接聚上一定数量的环氧乙烷（EO）（此为第二段），这种产品就叫作二嵌段化学破乳剂，如我国的AE8025、AE8051、AE8031、AE1910等属于此类。

2. 三嵌段聚合物

在二嵌段聚合的基础上再接聚一段环氧丙烷，即为三嵌段破乳剂，如我国的SP169、AP221、AP134、AP3111等。

油田开采后期原油乳状液以O/W为主，多重乳状液、微乳液共存，这种采出液的共同特点是：含水高、游离水含油、含杂质多、含水原油乳化程度深、很难脱水等，基于此，新型破乳剂应具有水溶性的直链结构，在原油中易于分散，有良好的渗透性，以减少脱出污水的含油量；为实现较快的脱水速度和最大脱水量，破乳剂分子应具有合适的嵌段顺序和链段长度。

（三）按溶解性分类

按溶解性，破乳剂可划分为水溶性破乳剂和油溶性破乳剂。

1. 水溶性破乳剂

水溶性破乳剂主要指以甲醇或水为溶剂的破乳剂。水溶性破乳剂可根据现场需要配制成任意浓度的水溶液。

2. 油溶性破乳剂

油溶性破乳剂的溶剂一般为苯或二甲苯。油溶性破乳剂的特点是不会被脱出水带走，且随着原油中水的不断脱出，原油中破乳剂相对浓度逐渐提高，有利于原油含水率的继续下降，但甲苯、二甲苯比较昂贵，破乳剂价格也较高。

二、常用化学破乳剂

目前，国内外原油破乳剂种类繁多，但应用最多的是非离子型聚醚。很多含有活性基团的物质均可以诱导环氧乙烷（EO）、环氧丙烷（PO）开环得到相应破乳剂，或通过一定反应方法将聚氧乙烯聚氧丙烯醚引入分子结构中得到破乳剂。

（一）酚醛树脂类破乳剂

酚醛树脂中含有大量的羟基，形成了多支型的结构，这些活泼的酚羟基通过与环氧化物，如环氧丙烷（PO）、环氧乙烷（EO）聚合得到具有多支结构的聚醚破乳剂。如以下结构：

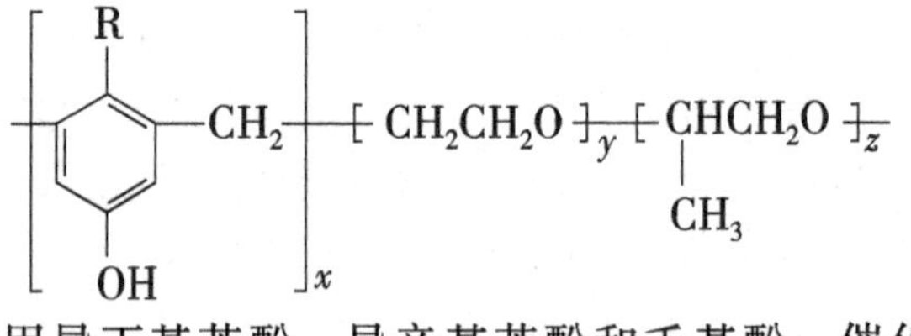

$$\left[\text{-}C_6H_2(R)(OH)\text{-}CH_2\text{-} \right]_x \text{-}\left[CH_2CH_2O \right]_y \text{-}\left[CH(CH_3)CH_2O \right]_z \text{-}$$

烷基酚常用异丁基苯酚、异辛基苯酚和壬基酚。催化剂多为 HCl、H_2SO_4 等。分子量一般控制在 3~30 个含苯酚的链节。AR 型破乳剂属于该类聚醚，例如，Al—Sabagh 制备了多种烷基酚醛树脂破乳剂，在对 EO 比例、分子量等影响因素进行系统的研究后，发现最优破乳剂在 60℃、用量为 150mg/L、模拟油水比为 1 ∶ 1 的条件下，35min 时脱水率可达 100%。用异辛基酚醛树脂—聚氧乙烯聚氧丙烯醚（可简称为聚氧烷烯醚）可使含水（质量分数）为 28% 的原油在破乳剂加量为 15mg/L、小于或等于 40℃下破乳脱水，原油含水降为 0.3%。而使用普通聚环氧烷醚类破乳剂，需将原油加热到80℃脱水，原油含水方可下降至4%。我国研制的酚醛3111（或AF3111）就是这种类型的破乳剂。

（二）含氮类破乳剂

1. 多乙烯多胺聚氧乙烯聚氧丙烯型破乳剂

多乙烯多胺聚氧乙烯聚氧丙烯型破乳剂是以多乙烯多胺为引发剂，接聚PO、EO合成的非离子型表面活性剂，是一种多支型的聚醚。现有的AP、AE型破乳剂就属于该类聚醚，其理想的结构式为：

$$\begin{matrix} H(EO)_y(PO)_x \\ H(EO)_y(PO)_x \end{matrix} \Big> N-(CH_2CH_2\underset{\underset{(PO)_x(EO)_yH}{|}}{N})_n-CH_2CH_2-N \Big< \begin{matrix} (PO)_x(EO)_yH \\ (PO)_x(EO)_yH \end{matrix}$$

对于上述两种类型破乳剂的破乳效果和应用各不相同，AP型破乳剂主要用于石蜡基原油乳状液的破乳，相比于SP型破乳剂，其脱水效果要好得多。这是因为AP型破乳剂是由多乙烯多胺引发的，分子链中可提供的活性基团多，容易形成多支链结构破乳剂，其润湿性能和渗透性能较高，亲水能力较强。当原油乳状液破乳时，AP型破乳剂的分子能迅速地渗透到油—水界面膜上，并且由于其多分支结构，分子排列占有的表面积要多得多，因而药剂用量少，破乳效果好，所以AP型破乳剂比SP型破乳剂具有更低的破乳温度，更短的破乳时间。

AE型破乳剂是一种二段型破乳剂，其可用于含沥青质原油的破乳。另外，由于该类破乳剂分子的多支结构，很容易形成微小的网络，将石蜡单晶体包围在网格内，阻碍其自由运动，进而使石蜡单晶体不能相互连接，降低原油的黏度和凝固点，所以，AE型破乳剂有良好的防蜡降黏作用，具有一剂多效的功能。

2. 酚胺树脂醚型破乳剂

酚胺树脂醚型破乳剂是以壬基酚、双酚A、稠环酚等为代表的酚类与以甲醛胺、乙烯胺为代表的胺类进行反应，制成酚胺树脂，再在酚胺树脂的活性基上接上PO、EO开环后的嵌段聚醚。依据所采用的酚类、胺类官能团的不同，酚胺树脂可以拥有不同的分支数。其理想结构式为：

$$M_2N-CH_2CH_2-[\underset{M}{N}CH_2CH_2]_n-\underset{M}{N}-CH_2-C_6H_2(O-M)(-CH_2-\underset{M}{N}-[CH_2CH_2\underset{M}{N}]_n-CH_2CH_2NM_2)(-CH_2-\underset{M}{N}-[CH_2CH_2\underset{M}{N}]_n-CH_2CH_2NM_2)$$

式中：$M=(PO)_x(EO)_y H$。

国内的TA、PFA系列为此类破乳剂。同时国内也有较多的研究，如张志庆在酚胺树脂聚醚基础上交联的破乳剂，用于35℃的临盘原油采出液破乳脱水率达70%。此外，合成的壬基酚胺树脂二嵌段聚醚，也远优于线性SP169等，脱水率达到82%以上。檀国荣使用线型有机硅聚醚与酚胺树脂聚醚等物质按一定比例得到了组合型破乳剂，针对临盘稠油，低温下脱水率达到90%。许维丽等人针对新疆高含水原油的特性，制备了非离子型双酚A酚胺醛树脂嵌段聚醚破乳剂（BPAE），通过热化学瓶试法对破乳剂进行性能评价，在破乳剂浓度为25mg/L、破乳温度为40℃、破乳时间为120min条件下，原油脱水率可达85.4%，优于破乳剂SP169的性能。

3. 联胺氧化烯烃聚醚破乳剂

联胺氧化烯烃聚醚破乳剂是以四乙烯壬胺（TEPA）和$CnH_{35}C$（X）H的反应产物为油头，接聚PO、EO制得。反应式为：

$$C_{17}H_{35}COOH+TEPA \rightarrow$$
$$C_{17}H_{35}CONHC_2H_4NHC_2H_4\text{-}NHC_2H_4NHC_2H_4NHOC_{17}H_{35}+H_2O$$

上式产物$+(PO)_x(EO)_y H \rightarrow$联胺聚氧丙烯聚氯乙烯醚。

4. 季铵化聚氧烯烃破乳剂

季铵化聚氧烯烃类破乳剂是一种双季铵缩合物，它既可破乳，还有缓蚀作用，具有一剂多效的功能。其化学结构式如下：

$$R_1\left[\begin{array}{c} (C_2H_4O)_x(C_3H_6O)_y(C_2H_4O)_zH \qquad\qquad (C_2H_4O)_x(C_3H_6O)_y(C_2H_4O)_zH \\ CH_2-N^+-CH_2-R_2-CH_2-N^+-CH_2-R_3 \\ (C_2H_4O)_x(C_3H_6O)_y(C_2H_4O)_zH \qquad\qquad (C_2H_4O)_x(C_3H_6O)_y(C_2H_4O)_zH \end{array}\right]_n H_{2n}A$$

式中：n=1~6；x=1~2；z=0~2；$x+y>z$；R_1为C_5~C_{24}烷基、條基或C_6~C_{25}的烷基苯基；R_2为—C_6H_4—；—C_6H_4—C_6H_4—；R_3为C_5~C_{20}亚烷基或C_6~C_{25}烷基亚苯基；A为Cl^-或Br^-。

（三）共聚物型破乳剂

共聚物破乳剂是一种将含有活性基团的物质聚合后再引入EO、PO等物质的破乳剂，在前期共聚物的合成中可以控制聚合条件，得到不同类型的共聚物后再引入相应支链，提高其破乳效果，该类物质的分子量较好，破乳效果好。例如，Kang在水溶液中合成了基于丙烯酸和丙烯酸酯类三元共聚破乳剂，对大庆油田破乳表明，在35℃、1.5h、600mg/L条件下，脱水率可达67%，远高于其他破乳剂的脱水率45%。Al-Sabagh先得到马来酸酐—苯乙烯共聚物，再依次与醇、聚醚酯化得到共聚物破乳剂，该聚合物含有梳形结构，其在60℃、100mg/L、150min条件下，脱水率可以达到96%，经过复配后，脱水率甚至可以达到100%。张付生在苯乙烯—丙烯酸酯共聚物基础上，与PO、EO聚合得到了丙烯酸类梳状聚醚破乳剂，这类破乳剂能使大庆四厂三元复合驱处理液的污水含油量低于100mg/L。

（四）聚酯类破乳剂

最常见的聚酯类破乳剂为聚亚烷基二醇类的醇酸树脂。Baker首先提出醇酸树脂包括以下成分：多元酸缩合产物、多元醇及6~22个碳原子的脂肪族饱和一元酸或不饱和一元酸。多元酸缩合物为小于或等于20个碳原子的多聚体。它所用的聚亚烷基二醇的分子量为400~10000，一般用聚乙二醇、聚丙二醇等。

聚酯类破乳剂尤其适用于油井产出乳状液的破乳，其用量为50~200mg/L。若该破乳剂和电脱水器采用电化学方法脱水，用5~50mg/L即可。该破乳剂若用量过大，有可能使W/O型乳状液反相变为O/W型乳状液。

（五）反相破乳剂

反相破乳剂主要用于对O/W型乳状液破乳，国内外用于破坏水包油型乳状液的反相破乳剂主要有小分子型的电解质、醇类，表面活性剂及聚合物三种类型。

1. 小分子电解质、醇类

电解质能中和水珠表面的负电荷和改变沥青质、胶质、蜡等乳化剂的亲水亲油平衡而起到破乳作用，常用的电解质主要有金属盐类和酸类。醇类主要通过改变乳化剂的性质，向油相或水相转移而起到破乳作用，其需求量较大，易形成二次污染且除油效果不佳，已被淘汰。

2. 表面活性剂类

破坏O/W型乳状液的表面活性剂类反相破乳剂有阳离子、阴离子和非离子几种类型。

常见阳离子表面活性剂的亲水基绝大多数为季铵盐，阳离子基团带有大量的正电荷，能有效中和O/W界面膜上的负电荷，从而破除O/W型乳状液。这种破乳剂能快速、高效地破除W/O、O/W或复杂圈套式乳状液，同时又可用于污水除油，且具有一定的缓蚀性能。

聚季铵盐型破乳剂具有水溶性好、扩散速度快等优点，因此，合成的反相破乳剂阳离子度越大，破乳效果越好。王素芳等人用环氧氯丙烷、二甲胺、叔胺、多乙烯多胺等反应生成了季铵盐，再与聚铝复配得到反相破乳剂 TS-761L，用于处理冀东油田联合站污水时除油率达到 97%，悬浮物的去除率达到 94%。

阴离子型表面活性剂是二硫代氨基甲酸盐，二硫代氨基甲酸盐除了具备高效的除油性能，还有杀菌、防垢的作用。高悦等人研究表明，二硫代氨基甲酸盐在污水中先与 Fe^{2+} 反应形成絮体，再通过絮体吸附油滴从而除去污水中的油。二硫代氨基甲酸盐的除油能力与反应生成的絮体结构有关。所以，污水中所含的 Fe^{2+} 越多，生成的絮体越多，除油能力越强。当分子中二硫代甲酸根含量大时，生成的絮体是立体网状结构，除油效果好。

非离子表面活性剂主要是聚胺类，聚胺类物质含有多个氨基，其水溶性好，并且具有很高的表面活性，容易吸附到油水界面上，中和水滴表面的负电荷，减弱界面膜的稳定性，从而达到破乳脱水的效果。

3. 聚合物类

国外从 1986 年起研发出一系列聚合型反相破乳剂，如二甲基二烯丙基氯化铵聚合物、单烯丙基胺聚合物等。国内也有类似研究，吴伟等用二甲基二烯丙基氯化铵、丙烯酰胺反应合成了 DMDAAC-AM 季铵盐，用于胜利油田孤三联污水破乳，该反相破乳剂能够压缩乳化油的双电层和击破界面膜，除油率好。张章等人通过环氧氯丙烷、丙三醇和三甲胺为材料反应生成了阳离子聚季铵盐破乳剂，该破乳剂与反相破乳剂 CPM 复配，污水除油率达到 99% 以上，减少了后续再处理污水的费用。

同时胜利油田自主研制的 CW-01 型反相破乳剂属于阳离子聚醚型破乳剂，其分子式为：

$$R\left[O\left(CH_2\underset{\displaystyle CH_2R'_2N^+R''Cl^-}{\underset{|}{CH}}O\right)_m H\right]_n$$

式中：R 为多价烷基，R′为一价烷基，R″为一价烷基或 H。合成反应分为两步：①环氧氯丙烷在催化剂作用下，于 50~90℃下开环聚合成氯代聚醚。②氯代聚醚和胺在 50~130℃下进行离子化反应，生成阳离子聚醚。测定游离氮含量，使阳离子度大于 90%。

用孤岛采油厂孤中 -22-13 井产 O/W 型乳状液做评价实验，并与国外同类型优质破乳剂进行对比实验，发现该破乳剂破乳效果最好，破乳率可达 97.6%。

（六）其他改性破乳剂

1. 四氢呋喃嵌段共聚物

日本学者提出用环氧丁烷、四氢呋喃代替环氧丙烷，得到一种新的破乳剂，该破乳剂中的四氢呋喃嵌段分子量为1000~5000，环氧乙烷质量分数为5%~95%，其分子式如下：

$$H(OCH_2CH_2)_x[O(CH_2)_4]_y(OCH_2CH_2)_xOH$$

Langdon也制成了由四氢呋喃和C_2~C_4的氧化烯烃衍生出来的聚氧烯烃破乳剂。它们可以是嵌段或无规共聚物，其通式为：$Y(A_mB_nH)_x$。式中：Y为起始剂，为C、H、O以外的元素，脱掉r个活泼氢原子的基团，但碳原子总数不超过20，如聚乙二醇、烷基醇、酚等；A为疏水基，如环氧丙烷、环氧丁烷、四氢呋喃；B为亲水基，如环氧乙烷；x=1~5；m为整数；n为整数；A_m的分子量为90~10000，产品分子量为1000~16000。

2. 含Si型破乳剂

原油破乳剂具有很强的选择性，即某种破乳剂对某种原油具有良好的破乳效果，但对另一种原油却无任何作用。而硅氧烷型破乳剂具有对原油乳状液类型不太敏感的优点。

硅氧烷型破乳剂是硅氧烷—环氧烷的嵌段共聚物，其中聚硅氧烷嵌段含3~50个硅原子，硅原子上可接有甲基、苯基等。聚氧烷烯嵌段，分子量一般为400~500，由环氧丙烷（PO）和环氧乙烷（EO）链节构成。EO ：PO为（40 ：60）~（100 ：0）。其典型结构为：

$$H(OC_3H_6)_{1.5}O(C_2H_4)_{9.1}(OC_3H_6)_{10.3}O(C_2H_4)_{9.1}(OC_3H_6)_{1.5}[OSi(CH_3)]_{1.5}$$

$$(OC_3H_6)_{1.5}O(C_2H_4)_{9.1}(OC_3H_6)_{10.3}O(C_2H_4)_{9.1}(OC_3H_6)_{1.5}OH$$

该破乳剂无论是单独使用或是复配使用均能有效地破乳，例如，聚二甲基硅油（分子量为3700）与聚氧乙烯嵌段共聚物（两个聚氧乙烯段的分子量各为2200）可使含水40%（体积分数）的乳状液在45℃，15min内完全脱水。而用无硅共聚物时，20h内只能脱水至9%（体积分数）。又如，某原油加入15mg/L常用破乳剂，效果不是很好，而加入12mg/L的烷基酚醛树脂—聚氧乙烯聚氧丙烯醚破乳剂和3mg/L的硅油聚氧乙烯聚氧丙烯醚破乳剂，即能有效地破乳。

刘龙伟等以异丙醇为溶剂，氯铀酸为催化剂，通过硅氢加成反应，将聚氧乙烯聚氧丙烯环氧基醚和聚氧乙烯聚氧丙烯甲基醚接枝到聚硅氧烷上，得到聚醚聚硅氧烷类原油破乳剂，破乳效果较好。

Flatt依据PO、EO含量的不同，合成了一系列烷基酚醛树脂及其四乙氧基硅烷改性破乳剂及3种聚丙二醇（分子量为4000）改性破乳剂。室内研究表明，大部分破乳剂脱水率为50%~60%，只有四乙氧基硅烷改性过的聚丙二醇破乳剂在35min内达到79%的脱水率。Koczo以含氢硅油与烯丙基缩水甘油基聚醚进行的改性表明，有机硅破乳剂脱水速度快，脱水时间在120min时，脱水率可以达到96.4%，远远超过现场破乳剂。冷翠婷发现硅油连接聚醚而引入磺酸基后提高了破乳剂的界面活性，针对五里湾油田高含沥青质的原油脱水率可达94.8%。

3. 含糖结构破乳剂

除了上述破乳剂外，郭东红分别以活泼氢多的瓜尔胶、黄原胶为起始剂，经过与PO、EO开环聚合得到具有多分支结构的聚醚破乳剂，破乳剂与常规破乳剂复配后发现，脱水速度、脱水率都高于现场破乳剂。王存文等人以分子量大、活泼氢多的甲基纤维素为主链，将聚乙二醇单甲醚（MPEG）接枝到主链上，形成具有梳形结构和超高分子量的环境友好的新型多糖类原油破乳剂，结果表明用MPE01900形成的破乳剂，破乳效果最好，脱水率达到95.3%，脱水界面齐整，水层呈浅白色。

（七）聚氧乙烯醚类破乳剂

以甲基酚、壬基酚等为起始剂的低聚氧乙烯类表面活性剂是一类重要的非离子型表面活性剂，广泛应用于洗涤剂、农药、制药、造纸、石油等领域。将一定量的酚与催化剂氢氧化钾加入高压釜中，开动搅拌，在0.09MPa、80~100℃下脱水50min，关闭真空阀，在130~150℃，釜内压力小于0.3 MPa下，加入计量的环氧乙烷，吸收至负压后，冷却至100℃以下，出料即得聚氧乙烯醚。选择聚氧乙烯醚对甲酚通过破乳实验确定最佳加药量，结果如表6-1所示。

表6-1　加药质量浓度对聚氧乙烯、甲酚醚脱水性能的影响

药（mg/L）	脱水量				污水	界面	挂壁	透明度
	15min	30min	60min	90min				
100	0.84	1.24	1.92	2.12	混白	不齐	不挂	混浊
200	0.48	0.96	0.96	1.24	混白	整齐	不挂	混浊
300	0.96	1.24	1.6	1.88	混白	整齐	不挂	混浊
400	0.96	1.92	1.92	1.92	混白	整齐	不挂	混浊
500	0.84	1.24	2.48	2.48	混白	整齐	不挂	混浊
空白	0.96	0.96	1.44	1.92	澄清	整齐	不挂	透明

测试条件：原油为大庆原油；取油量25mL；温度45℃。

上表结果表明，考察最终脱水量，最佳加药质量为 500mg/L。

按优选的最佳加药质量浓度，进行聚氧乙烯醚的破乳实验，结果如表 6–2 所示。不同酚与环氧乙烷合成的聚氧乙烯醚的脱水效果差异较大。同时，水溶性破乳剂（HLB 值 >10）的破乳性能随其 HLB 值的增加而降低，如图 6–3 所示。

表 6–2　聚氧乙烯醚的原油脱水实验

名称	脱水量				污水	界面	挂壁	透明度
	15min	30min	60min	90min				
苯酚聚氧乙烯醚	0.63	1.32	2.30	2.51	混白	不齐	不挂	混浊
对甲酚聚氧乙烯醚	0.70	1.38	2.34	2.69	混白	整齐	不挂	混浊
壬基酚聚氧乙烯醚	0.86	1.40	2.67	3.26	混白	不齐	不挂	混浊
对氯酚聚氧乙烯醚	0.56	1.30	2.22	2.47	混白	整齐	稍挂	混浊
间苯二酚聚氧乙烯醚	0.37	0.99	1.73	2.35	混白	整齐	不挂	混浊
对苯二酚聚氧乙烯醚	0.48	1.11	2.10	2.43	混白	不齐	不挂	混浊
空白	0.25	1.05	1.47	1.47	澄清	不齐	不挂	透明

测试条件：原油为大庆原油，取油量 25mL，加药质量浓度 500mg/L，温度 45℃。

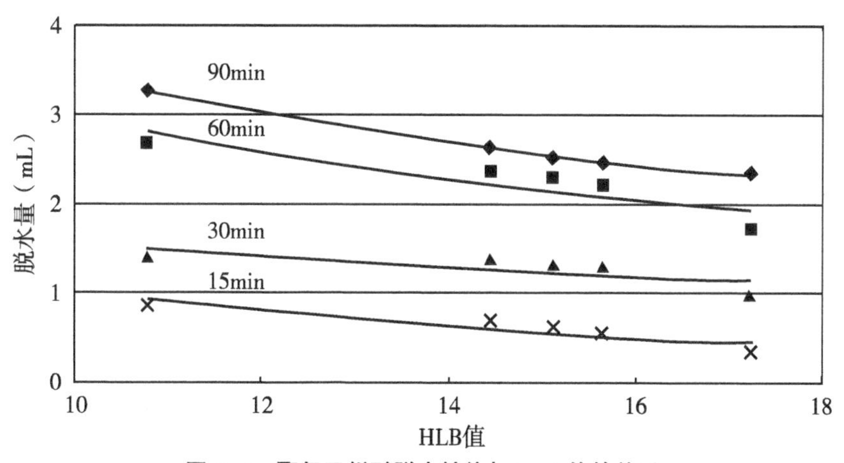

图 6–3　聚氧乙烯醚脱水性能与 HLB 值的关系

随着研究的不断深入，人们对破乳剂的破乳效果和性能的认识也越来越深，通过研究发现，高分子量破乳剂的破乳效果明显优于低分子量破乳剂的破乳效果。近年来，为人们所重视的超高分子量原油破乳剂，其分子量提高到 5×10^5~3×10^6，此类破乳剂具有优良的破乳效果，并能加快油水分离速度。所以油田可以通过提高破乳剂的分子量来取得良好的破乳效果。

三、化学破乳剂的评价指标

目前，国内外对破乳剂的评价仍采用 Bottle 法（瓶法），评价方法为：取 80g 新鲜油样，置于 100mL 具塞量筒中，在给定温度下，加入 100mg/L 破乳剂；然后取出，手摇 200 次（左右手各摇 100 次）；恒温静置 2h，记录不同时间出水量；最后取上层净化油，用蒸馏法（或离心法）测定净化油含水量，取下层脱出水，测定污水含油量。记录间隔时间一般为：沉降开始后 3min、5min、10min、15min、20min、25min、30min、40min、50min、60min、70min、80min、90min、120min。

测量原油含水率的方法还有蒸馏法、密度法、电容法、短波法、微波法、X 射线测定法等。破乳脱水性能是化学破乳剂的基本实用性能，实验时应考虑其综合指标。

（一）HLB 值

破乳剂同时具有亲油亲水两种基团，比乳化剂具有更小的界面张力，更高的表面活性。HLB 值反映了破乳剂分子中亲油亲水基团在数量上的比例关系，其范围一般为 0~20。

（二）脱水率

脱水率是指某种化学破乳剂用于原油脱水时，在规定的条件下，从原油中脱出的水量与原油中原来所含的总水量之比。

（三）出水速率

出水速率是指在一定的静置沉降时间内脱出水量的多少或脱水率的大小。化学破乳剂的出水速率一般有先快后慢、先慢后快、等速率三种情况。

（四）油水界面状态

油水界面状态是指原油沉降分出水后，油水界面处的分层状态。有的油水界面分明，有的油水间存在油包水或水包油型乳状液过渡层。一般随添加的化学破乳剂品种不同而出现不同的过渡层，油田应尽量选择造成暂时性过渡层，使界面清晰的化学破乳剂。

（五）脱出水的含油率

脱出水的含油率是指脱出水中的含油量，通常由质量分数表示，一般应小于0.05%。

（六）最佳用量

原油脱水率不完全与破乳剂用量成正比，当破乳剂用量达到一定剂量后，原油脱水率不再继续提高，这与破乳剂的临界胶束浓度有关。在脱水温度下达到所要求的原油脱水率所需的破乳剂最小用量称为最佳用量，最佳用量越小越好。

（七）低温脱水性能

低温脱水性能是指化学破乳剂在低温下同样可以实现脱水率较高、油水界面整齐、脱出水清澈、使用量较少等优良性能。其目的是降低含水原油加热时的能耗。

第七章　原油流动性改进与清防蜡

我国油田主要位于西北部和北部，气温低于原油凝点的时间长，每年在气温较低时需要在原油开采、集输过程中使用大量的防蜡剂、降凝剂、降黏剂等改进原油流动性。尤其是在冬季，普通原油流动性改进剂效果差，需要采用加热的方式外输。另外，我国油田的开发大部分已经处于中后期，产出的原油中轻质组分含量越来越低，重质组分含量的增加导致了原油流动性变差，给开采和集输带来了易结蜡、高凝点、高黏度、流动性差、管输阻力大等问题。

第一节　原油的组成与相互作用

一、原油的组成

世界各地油田所产原油的组成和性质差别很大，这与生成原油的原生物质类型、地质条件以及在地层中运移的环境等因素密切相关。但是它们基本都是由碳、氢、硫、氮、氧 5 种元素组成的，而且主要是碳和氢。

（一）烃类

元素组成可以反映石油的化学本质，尤其是氢碳比更是表征其平均化学结构的重要参数。但是仅通过元素组成并不能完全反映原油中的复杂作用，还需要从单体化合物组成、族组成和结构族组成的角度来认识原油烃类组成。

1. 原油中的蜡

烃类组分包括烷烃、烯烃、环烷烃、芳烃等，其中对原油凝点和结蜡影响最大的是蜡。原油中的蜡是指那些碳数比较高的正构烷烃，一般是指碳原子数不小于 15 的烷烃。纯蜡是白色的，略带透明的结晶体，熔点为 49~60℃。国内部分油田原油中所含的蜡，其正构烃碳数占总含蜡量的比例各有不同，从总体上来看，都呈正态分布，碳数高峰值约为 25。蜡的典型化学结构，如图 7–1 所示。

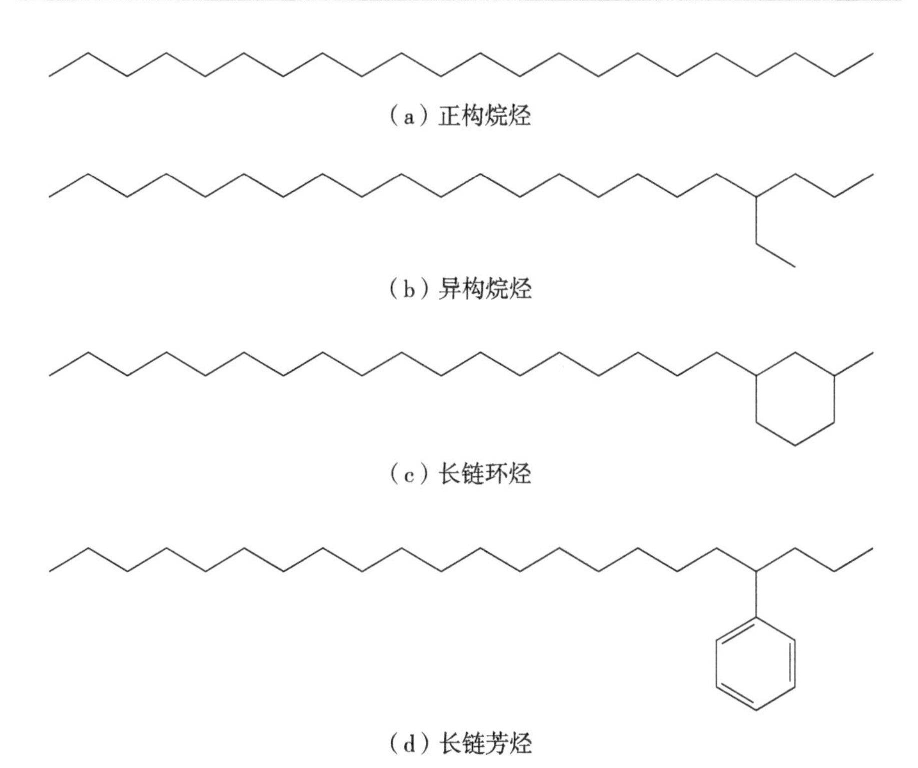

图 7-1　蜡的典型化学结构式

2. 芳烃

芳烃包括单环芳烃（苯及其衍生物）、多环芳烃和稠环芳烃。一些稠环芳烃的结构式，如图 7-2 所示。稠环芳烃不易降解，而且部分化合物可致癌，这也是原油对环境具有危害的原因之一。

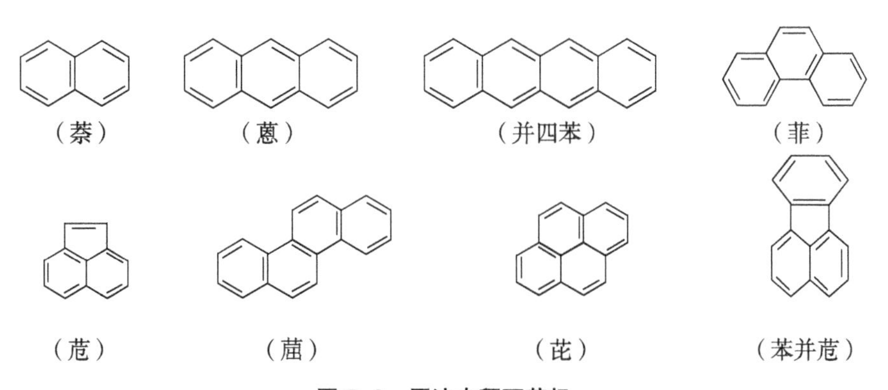

图 7-2　原油中稠环芳烃

（二）非烃类

原油中含有数量可观的非烃化合物，尤其在原油减压渣油与重质馏分中含量最高。原油中硫、氮、氧等杂元素总量一般为1%~5%，但在原油中硫、氮、氧通常是以化合物形态存在，所以非烃化合物的含量就相当可观了。原油中含硫化合物的存在形态已经确定的有噻吩、二氧化硫、硫醚、硫醇、硫化氢及单质硫等。其中单质硫、硫化氢和硫醇等是活性硫化合物。非活性硫化物主要包括噻吩、二氧化硫和硫醚等对金属设备无腐蚀作用的硫化物。

（三）胶质与沥青质

胶质、沥青质都是由数目众多、结构各异的非烃化合物组成的复杂混合物，难以从单体化合物的角度进行分析，目前国际上还没有统一的分析方法和明确的定义。一般把石油中不溶于非极性的小分子正构烷烃（C_{5-7}）而溶于苯的物质称为沥青质，相关分离沥青质必须冠以所用溶剂的名称，如正戊烷、正已烷、正庚烷沥青质等。胶质和沥青质结构模型，如图7-3所示。

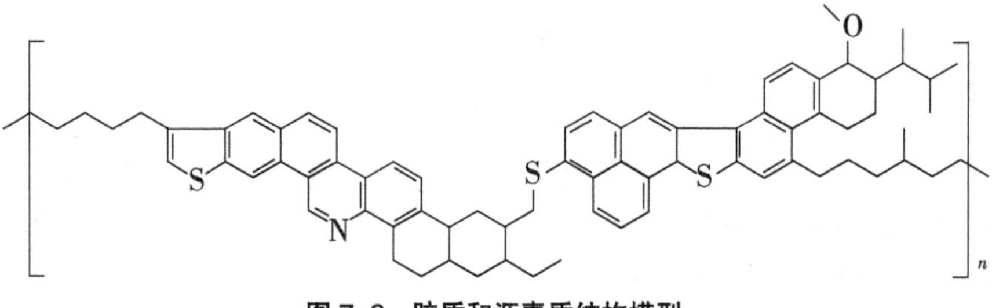

图7-3　胶质和沥青质结构模型

二、原油组分间的相互作用

一般来说，原油是由多种烃类和含有杂原子的非烃类化合物组成的一种复杂的胶体体系，温度降到一定程度时会析出微小的蜡晶，蜡晶结合在一起形成三维网状空间构造，将原油的液态组分包含其中，致使原油失去流动性，宏观上形成结蜡、凝固。稠环芳烃作为晶核，通过吸附作用参与形成晶核，使晶核的晶型扭曲，阻止晶核长大，并促进其分散悬浮在油流中。胶质、沥青质分子间通过氢键形成很强的内聚力使原油黏度大增，原油中的胶质、沥青质也是天然的表面活性剂，它们可以与原油中的蜡相互作用而改善原油流变性。将原油的组分进行分离之后，再将极性组分加入烃类组分中，观察对石蜡结晶微观结构影响，结果如图 7–4 所示。

（a）为饱和烃组分的蜡晶照片，只有饱和烃组分的蜡结晶照片显示：蜡晶为针状结晶，蜡晶之间的距离很小，容易继续聚集形成三维空间网状结构。而（b）、（c）、（d）、（e）、（f）相对于（a），蜡晶颗粒增多，其蜡晶分散度增大，形成三维空间网状结构的趋势减小，其中（d）、（e）、（f）最为显著。原因可能是当蜡溶液中存在适量含有强极性基团的胶质时，其长侧链烷基和蜡分子相互作用与之共晶析出，而裸露在外的极性基团起到包围、分散蜡晶的作用，减弱蜡晶之间的联结强度，延缓晶体的聚集，阻碍蜡晶过快长成大块晶体。

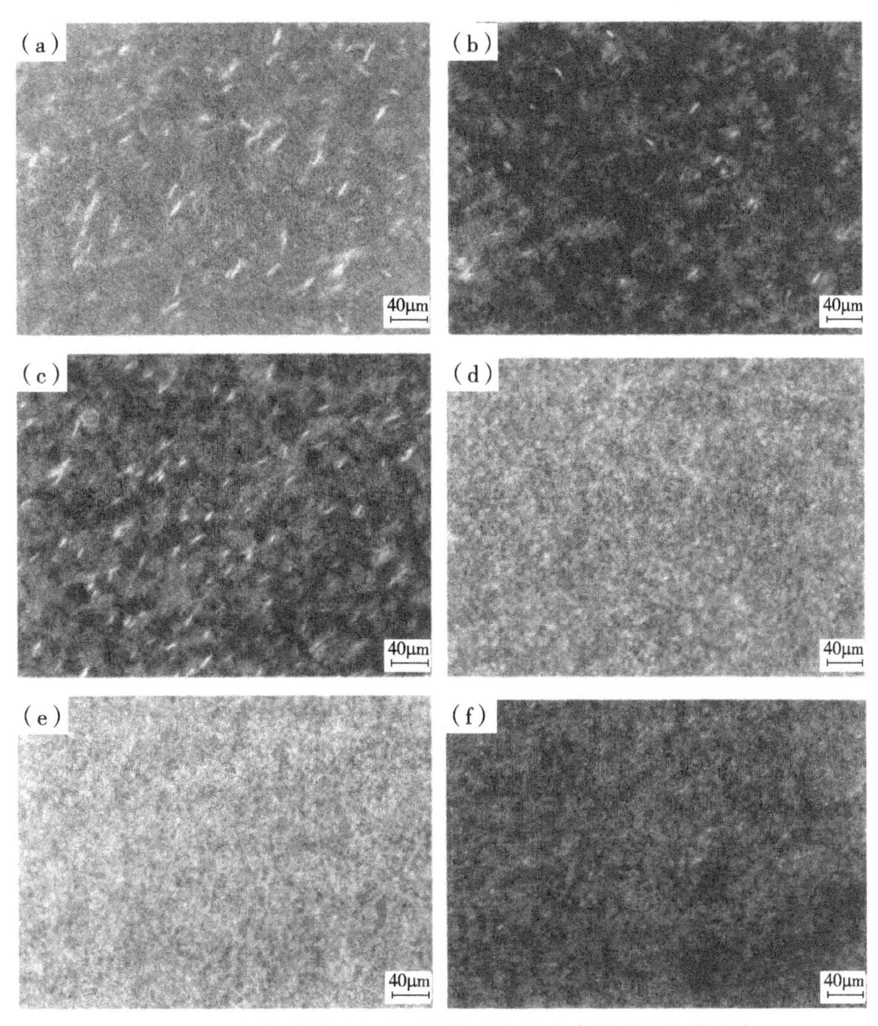

图 7–4　不同极性原油组分对其饱和烃组分中蜡晶形态的影响

第二节　原油流动性改进方法

一、物理处理方法

（一）热处理法

热处理法利用原油特殊的黏温性质，一方面，当温度高于析蜡点时，蜡处于溶解状态，流动性好；另一方面，原油黏度高的根本原因是胶质、沥青质等大分子在氢键、电荷转移、偶极等各种相互作用力下形成了胶束结构，增加了原油黏度。而在加热时，体系获得足够的能量后，7C 键和氢键被破坏，因此原油的黏度降低，原油流动性得以改善。

（二）掺稀油法

掺稀油法是指将轻质原油、凝析油或原油蒸馏产品（如煤油、柴油馏分油）等稀油按照一定比例与原油进行掺混，改善掺稀后原油的流动性。由于原油的黏度不同，掺稀的比例不同。作用原理：掺入稀油后原油中蜡含量减少，降低了过饱和度，减弱蜡分子的径向扩散，抑制蜡晶的析出，从而降低原油凝点。此外，稀油中的胶质、沥青质是天然的表面活性剂，可以与原油中的蜡相互作用而改善原油流变性，但其对于蜡含量少或石蜡碳数分布较集中的原油改善作用较小；其对胶质、沥青质含量高的高黏原油的作用效果也较差。

（三）乳化降黏法

原油乳化降黏是在乳化剂的作用下，使原油较均匀分散在水中形成较稳定的水包油型（O/W）乳状液，从而达到降黏改善原油流动性的目的。乳化降黏的关键是选择质优、价廉、高效的乳化剂。乳化剂具有两个特性：①对原油具有较好的乳化性，能形成比较稳定的乳状液，降黏效果显著；②形成的乳状液不能太稳定，否则影响下一步的原油脱水。

原油乳化的原理主要有两点：①原油分散在乳化剂水溶液中形成水包油型（O/W）原油乳状液，油是分散相，水为连续相，从而降低原油的表观黏度；②乳化剂与管壁相互作用使其亲水基团向外伸展形成亲水膜，降低管壁的摩阻，有利于降低原油表观黏度和减少原油管输的能耗。

二、原油水热裂解降黏

高温水环境条件下发生的原油水热裂解反应可使原油重质组分明显降

解。原油与过热水之间发生酸聚合、有机硫化物裂解、水煤气以及加氢脱硫等一系列化学反应，又称为水热裂解。水中的氢结合到原油中实现改质是水热裂解反应的重要步骤，总的化学反应过程可表示为：

$$RCH_2CH_2SCH_3+2H_2O \rightarrow RCH_3+CO_2\uparrow +H_2\uparrow +H_2S\uparrow +CH_4\uparrow$$

原油水热裂解反应技术研究与应用最早开始于加拿大，主要用于沥青质的轻质化。水蒸气的存在不仅起传导热量的作用，为原油水热裂解提供能量，而且在原油水热裂解反应中起重要的物理和化学作用。过热水与常温常压水最明显的性能差别是介电常数小和电离常数大，因此，过热水具备酸碱催化功能和增加溶解有机物的特性。

标准情况下水与有机化合物基本不反应，水在高温下的物理化学性质的变化使其参与了原油的降解反应过程。当温度为 20~300℃时水的密度从 0.997g/cm^3 降到 0.713g/cm^3，水的介电常数随温度升高而降低，从 80e/Fm 降到 20e/Fm，因此，过热水具有增加有机化合物溶解度的特性。金属催化剂与噻吩的水热裂解反应历程如图 7–5 所示。原油热作用下发生的反应归纳，如图 7–6 所示。

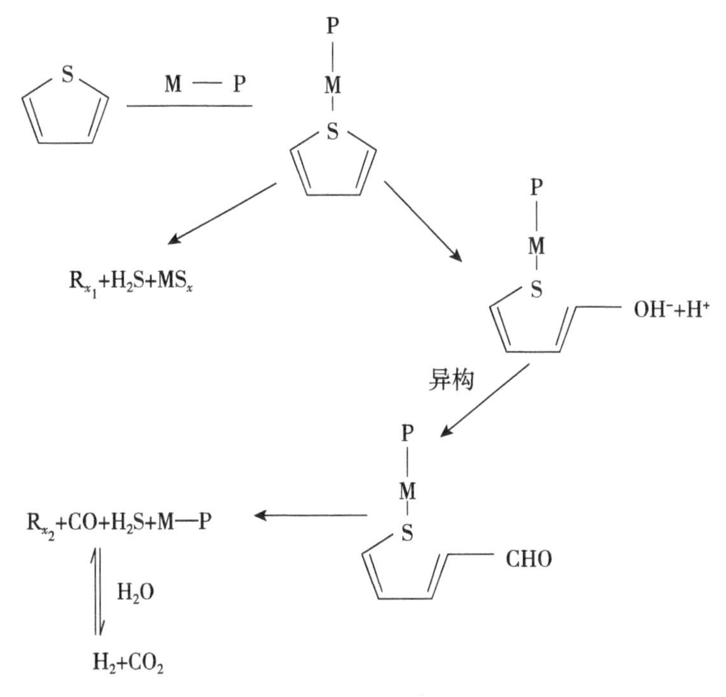

图 7–5　过渡金属化合物催化对噻吩水热裂解反应的作用

M—过渡金属　P—配体　R_{x_1}—小分子烃　R_{x_2}—烃

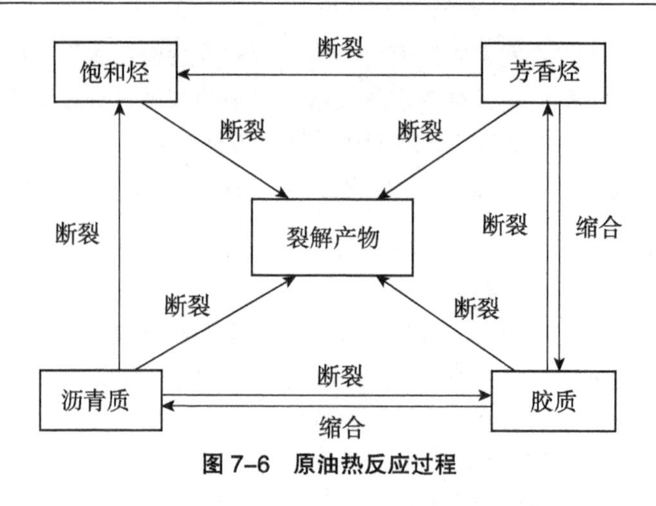

图 7-6 原油热反应过程

第三节 化学降凝、降黏和减阻

一、化学降凝

含蜡原油失去流动性缘于在低温下析出蜡晶，这些蜡晶大多呈板状或针状，互相结合在一起形成三维网状构造，并把低倾点的油分、油泥、胶质、沥青质等吸附在周围，或包围在网状结构内形成蜡膏状物质，而使原油失去流动性。但必须指出，降凝剂不能抑制蜡晶的析出，只能改变蜡晶的形态。即加入降凝剂后，原油的浊点不会改变，只是蜡的结晶形态发生了变化，在施加一定的剪切力后，其网络结构易于破坏或根本不生成网络结构，因而增强了原油的流动性。在阿赛线首站原油中添加 70mg/kg 的乙烯—醋酸乙烯酯共聚物（EVA），原油凝点、反常点和低温表观黏度均有显著降低，可以诱导形成致密且对称的蜡晶结构，有效改善原油的低温流动性。聚合物型原油流动性改进剂 BEM—7H—C 在洪荆线、鲁宁线、中洛线等管道上的应用情况表明，该剂具有较好的抗重复加热和抗剪切性能，该剂运行后可以获得较好的经济效益。我国曾参与建设的苏丹输油管道，按添加降凝剂改性常温输送设计，沿途减少布设加热站，一次性减少建设投资 6.0×10^7 美元，同时，管道每年可节省加热输送所需燃料费用 6.2×10^{15} 美元。而且在实际运行中，管道每次计划外停输后均顺利启动，确保了管道的运营安全。

（一）降凝原理

化学降凝法具有操作简单、设备投资少、无须后处理以及便于对输油过程进行自动化管理等优点；同时，化学降凝法也是实现高含蜡原油常温/低温输送和改善原油停输再启动的有效途径之一。降凝剂分子能够通过与石蜡的相互作用来影响原油中蜡晶的形成和生长，在宏观上起到降低含蜡原油的凝点、改善其低温流动性的作用。目前，已知的原油降凝剂和石蜡的作用机理与防蜡剂作用机理类似，主要有以下四种：

（1）成核作用理论。降凝剂分子在油品的浊点以前析出，作为晶核诱导蜡晶发育，使油品中蜡晶增多、分散度增大、不易形成网状结构，起降低原油凝点的作用。

（2）吸附作用理论。降凝剂在略低于原油析蜡点的温度时结晶析出，吸附在已析出的蜡晶上，扭曲晶型，改变蜡晶的表面特性，阻止晶体长大形成三维网状结构。

（3）共晶作用理论。降凝剂与蜡共晶析出，长烷基侧链与蜡共晶，极性基团则阻碍蜡晶进一步长大。

（4）增溶作用理论。降凝剂具有一定的表面活性，可以增加石蜡在原油中的溶解度，使析蜡量减少，同时又增加了蜡的分散度，且由于蜡分散后的表面电荷的影响，蜡晶之间相互排斥，不容易聚结形成三维网状结构而降低凝点。

（二）降凝剂

目前，原油降凝剂品种较多，主要是含有乙烯单元衍生物的均聚物或者共聚物，已有部分具备工业生产规模并投入现场应用。原油降凝剂类型如下：

1. EVA

EVA 结构式如下：

$$[CH_2CH_2]_m[CH_2CH(OCOCH_3)]_n$$

EVA 是一种常用的降凝剂，已经大量运用于工业化生产。研究发现相对分子质量（1~2.8）$\times 10^4$、酯含量 25%~45% 的 EVA 都有降凝作用。由于酯含量较高的 EVA 在相对分子质量较小时才具有良好的油溶性，所以降凝效果良好。另一研究指出，酯含量低于 26.3% 和高于 65.4% 的 EVA 在烃类溶剂中溶解性较差，降凝效果欠佳，适宜的酯含量为 38%~41%，这种 EVA 中乙烯链段平均长度为 8.8~10。

2. 聚乙烯类（PE）

直链 PE（2 条支链，1000 个碳原子，相对分子质量为 10^4~10^6）降凝效果好。在 CaHraanB 原油中加入 200~500mg/L 低相对分子质量 PE 有较好的防蜡、降凝效果。在油井中注入相对分子质量为 2×10^4 的 PE 有显著防蜡效果，用于改进含蜡原油的流动性也是有效的。聚乙烯结构单元中的一个 H 被烷氧基 RO—取代便得到聚烷基乙烯基醚，结构式为 $\text{-[}CH_2CH(OR)\text{]-}_n$。加入 0.1% 的聚烷基乙烯基醚（R：$C_{18-20}$）使原油凝点降低 12~16℃；R 为 C_{18}，相对分子质量为 2.15×10^3 时降低 6~12℃。在后一实例中聚烷基乙烯基醚的主链长度平均为 14.5 个碳原子，主链短于侧烷基链。

3. 丙烯酸酯类聚合物及其共聚物

聚丙烯酸酯类降凝剂也是研究的热点之一，结构式为 $\text{-[}CH_2CH(COOR)\text{]-}_n$，其中 R 为 C_{14-30}。进一步研究发现 R 为 C_{18-20} 的共聚物对原油降凝更有效。例如加 300mg/L 数均聚合度为 30~3000 的丙烯酸酯（R：C_{18-22}）聚合物，可使含蜡 14% 的原油凝点降低 21℃。加入 *N.N'*—二甲基丙烯酰胺交联之后，作用效果还会提高。丙烯酸长链烷基酯（R：C_{18-20}）与甲基丙烯酸 *N*, *N*—二甲氨基乙酯共聚物的化学结构为：

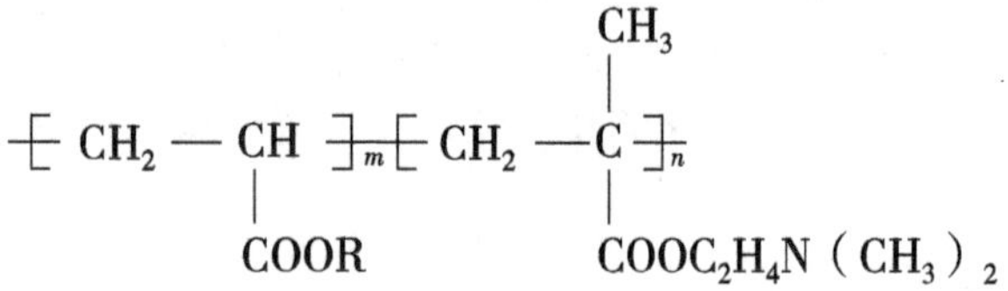

$$\text{-[}CH_2-\underset{\displaystyle COOR}{\underset{|}{CH}}\text{]-}_m\text{-[}CH_2-\overset{\displaystyle CH_3}{\overset{|}{\underset{\displaystyle COOC_2H_4N(CH_3)_2}{\underset{|}{C}}}}\text{]-}_n$$

当加量为 25mg/L、50mg/L、75mg/L 时可将 Ahrensheide 原油的凝点从 18℃分别降到 0℃，-9℃、-12℃。1000mg/L 丙烯酸酯（R：C_{18-22}）/4- 乙烯基吡啶共聚物，可将孟买原油的凝点从 29.44℃降到 7.22℃。

4. 马来酸酐 / 酯 / 酰胺类聚合物及其共聚物

马来酸酐可以通过酯化或者酰化反应转化为酯或者酰胺，这些单体可以均聚或者与其他单体共聚制备降凝剂。例如，乙烯—醋酸乙烯酯—马来酸酐三元共聚物：

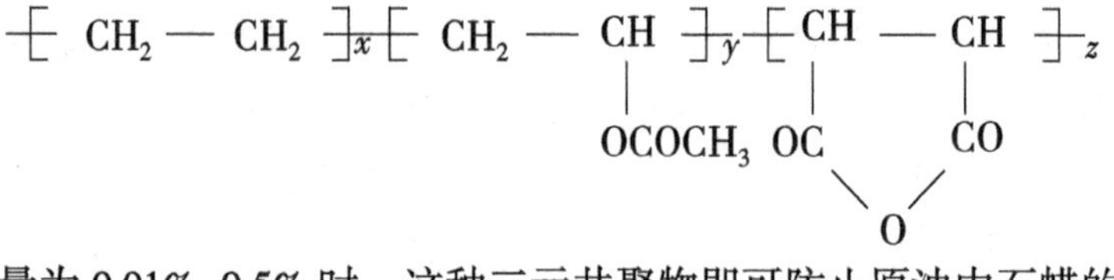

$$\text{-[}CH_2-CH_2\text{]-}_x\text{-[}CH_2-\underset{\displaystyle OCOCH_3}{\underset{|}{CH}}\text{]-}_y\text{-[}\underset{\displaystyle OC}{\underset{|}{CH}}-\underset{\displaystyle CO}{\underset{|}{CH}}\text{]-}_z \quad (OC-O-CO)$$

加量为 0.01%~0.5% 时，这种三元共聚物即可防止原油中石蜡的沉积。

5. 其他降凝剂

其他降凝剂还包括聚环氧酯、乙烯—顺丁烯二酸高碳酯共聚物、高级脂肪酸乙烯酯等。

二、化学降黏

稠油中包含的胶质以及沥青质成分具有能够形成碳氢键的羧基、羟基、氨基、硫基等。因此，胶质分子之间、沥青质分子之间以及二者之间具有强烈的氢键作用。沥青质分子的稠环平面通过叠合作用相互重叠，并被极性基团的氢键锁骨钉，形成沥青质粒子。在类似结构的芳杂稠环平面作用下，胶质分子在沥青质粒子表面重叠堆砌，再进一步形成氢键固定在沥青质表面，形成胶质粒子包裹起来。这种借助氢键相互链接形成的网络结构造成了原油的高黏度。

一般情况下，原油中加入降凝剂，会有一定程度的下降。这是由于石蜡的结构被抑制，使整个石蜡的黏度降低，同时使屈服值降低。石蜡的表观黏度也有一定程度下降，也就是降凝剂具有降黏的作用。

三、原油流动性评价

一般依据原油凝点的下降程度来评价一种原油降凝剂的效能，但是已有研究发现这种评价方式在很多时候并不适宜。例如，美国北达科他州Dickinson原油的凝点为35℃，但是它在21℃时仍然能够流动；利比亚的阿姆纳原油的凝点为24℃，然而这种原油在高于上述温度下卸船时发现难以流动。目前，越来越多的研究发现评价一种原油降凝剂的功能须同时考虑凝点（倾点）、黏度和屈服值（动切应力）。

原油降凝剂各项性能评价与使用性能的关系如表7–1所示。

表7–1　原油降凝剂各项性能评价与使用性能的关系

性能评价	与现场使用性能的关系
上倾点（Upper Pour Point）*	预测现场快速冷却条件下的倾点
下倾点（Lower Pour Point）	预测四周内无热循环的短期储存倾点
流动点（Flow Point）	预测长期储存或热循环后的倾点回升趋势
黏度（Viscosity）	预测油品管输泵送性
屈服值（凝胶强度，Yield Value）	预测泵送时的启动性

*用ASTMD97—66方法计算。

流动点是指经过预定的热循环后的倾点。测定时将油样加热至93℃并恒温0.5h使蜡完全溶解，再将其分为6份并置于–29℃的冷浴中冷至–18℃，其后分别加热至38℃、46℃、54℃、66℃、82℃和93℃并恒温0.5h，取出试样，放置在室温冷却至38℃，最后按ASTMD97—66方法测定凝点，取其最高值为流动点。这种方法可以消除胶质对降凝作用的影响。一般来说，胶质在54℃左右溶解，故在此温度附近原油的凝点有突变，因此流动点比凝点更接近实际情况。

黏度的测定可以用Brookfield旋转式黏度计或Farm35型旋转式黏度计测定。凝胶强度（屈服值）可以在Farm35型黏度计上测出。系在给定温度下，于高剪速（600r/min）下转动一段时间使样品稳定，然后将样品放置一定时间后测定在3r/min剪速下转动剪切应力盘上示出最大数值，即凝胶强度（屈服值）。根据目前输油管线的工艺条件，原油的屈服值必须低于8Pa，才能确保操作安全。

第四节　化学清蜡与防蜡

一、油井的结蜡和影响因素

（一）油井结蜡

我国油田产油的质量不高，含蜡量相对较高，一般为15%~37%，因此，防蜡、除蜡是采油过程中必须考虑的一个重要工艺。石蜡在高压高温状态下通常溶解在原油中。当石油不断开采的时候，含蜡原油的溶解蜡能力不断下降，蜡开始形成蜡晶，并随着油管的不断升高而沉积。在低于临界温度和压力的时候，蜡晶分子不断向固体表面扩散，并且形成三维网状结构，开始结蜡。结蜡能够使原油的产量下降，甚至造成原油停产。因此，在采油工作中，必须重视防蜡、清蜡工作。

（二）影响结蜡的因素

影响原油结蜡的因素包括内在因素和外在因素两种。内在因素主要是原油的组成，即原油中蜡、胶质和沥青质的含量越少越不利于结蜡。外在因素主要包括油井的开采条件，如温度、压力、气油比和产量等；原油中的杂质，如泥、砂土和水分等。

1. 原油的组成

相对地，原油中包含的轻质成分越多，石蜡的结晶温度就越低，石蜡就越不容易析出，石蜡结晶的难度也就越大。石蜡在原油中的溶解量随着温度的降低而逐渐减小，原油中包含的石蜡量越高，石蜡的结晶温度也就越高。在同一石蜡含量下，重油中石蜡的结晶温度明显高于轻质原油的石蜡结晶温度。

原油中的胶质和沥青质对石蜡的初始温度以及石蜡的析出过程和结在管壁上的石蜡性质产生影响。胶质是一种常用的表面活性剂，可以用于阻止石蜡结晶的发展。沥青质是胶质的一种聚合物，和石油不相容，通常以极小的颗粒状态分散在油液中，成为石蜡的晶核。因为胶质和沥青质的存在，石蜡的结晶能够均匀分散在原油中，而且和胶质结合得非常紧密。因此，在胶质和沥青质状态下，管壁中的沉积蜡将会明显增多。对于原油来说，其中的胶质和沥青质既可以减轻结蜡的程度，又能够在结蜡之后增大黏度，而且不容易被油液冲走。

2. 油井的开采条件

在原油压力高于饱和压力的情况下，压力和石蜡的初始结晶温度都会下降。在压力低于饱和压力的条件下，由于压力不断降低，油液中的气体则不断析出，降低了原油对石蜡的溶解能力，因而使初始结晶温度升高。简单来说，压力越低，石蜡结晶的温度就越高。因为，初期析出的通常是一些轻组分气体，后期析出的则是重组分气体。前期对石蜡的溶解能力影响明显小于后者，初始结晶温度则明显升高。

在采油过程中，原油上升到地面，压力与温度不断下降，当压力低至饱和压力后，气体则完全分离出。气体一边分离一边膨胀吸收热量，使油液的温度进一步下降。因此，在采油过程中，气体析出不仅降低了原油对石蜡的溶解能力，也降低了油液的温度，有利于蜡晶的析出与结蜡。

3. 原油中的杂质

原油中的水和一些机械成分杂质对蜡的结晶影响不大，但是其中饱含的细小沙粒以及其他机械杂质则会成为石蜡结晶的核心，促进石蜡的结晶，同时也加速了结晶的过程。油液中水的含量增加之后对石蜡结晶的进程产生了两方面影响：一是水的热容量大于油的热容量；二是含水量增加容易在管壁上形成连续的水膜，不利于石蜡沉积在管壁上。因此，出现了油井随着含水量的增加，结蜡过程中沉积蜡逐渐减轻的现象。

二、化学防蜡剂

防蜡剂的作用原理是通过化学剂的加入来降低石蜡晶体的沉积，防蜡剂主要有稠环芳烃型、表面活性剂型、高分子型三类。

（一）稠环芳烃型防蜡剂

稠环芳烃在原油中的溶解度与石蜡相比较低。它们可以溶于溶剂中，从油管的环形空间加至井底中，并且随着原油一起采出。在开采过程中，随着温度和压力的逐渐降低，稠环芳香烃首先析出，为石蜡的析出提供了大量的晶核，石蜡在这些稠环芳香烃中顺利析出。但是这样的蜡晶不容易继续长大。因为，蜡晶的稠环芳香烃分子对蜡晶的排列产生了影响，晶核扭曲变形，不利于石蜡的沉积。因此，这些蜡晶也就分散在原油中，随着原油的流动带到地面，再析出，最终起到防蜡的作用。稠环芳香烃的缺点是毒性较强，对地面生物的危害较大，生产、运输和使用稠环芳烃过程中应该采取防护措施。

（二）表面活性剂型防蜡剂

表面活性剂防蜡剂主要有两种，一种是油溶性表面活性剂，另一种是水溶性表面活性剂。一般来说，油溶性表面活性剂的长链能够吸附在蜡晶上，极性向外，使蜡晶转化成为疏油性表面，起到降低石蜡结晶的作用，阻止石蜡分子的进一步沉积。水溶性表面活性剂则是在石蜡周围形成非极性基团内层，极性基团因为外层的分子吸附膜，内膜则吸附在石蜡上，外膜能够吸附体系中的流动水形成一层水化膜，阻止石蜡分子的进一步沉积，还可以在管线或者设备的表面形成吸附，实现极性反转，阻止石蜡的表面沉积。

油溶性表面活性剂主要为石油磺酸盐和胺型表面活性剂，例如：

（1）烷基苯磺酸盐：

$$RArSO_3M \quad M：1/2Ca，Na，K，NH_4$$

（2）聚氧乙烯脂肪胺：

$$R—N\begin{cases}(CH_2CH_2O)_{n_1}H \\ (CH_2CH_2O)_{n_2}H\end{cases} \qquad n_1+n_2=2\sim4 \quad R：C_{16-22}$$

（3）山梨糖醇酐单羧酸酯（Span_XX）：

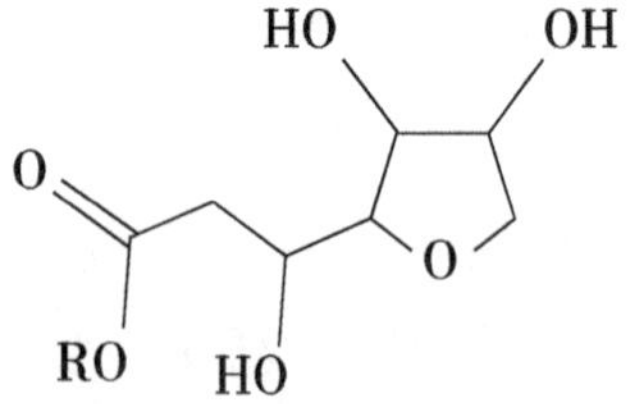

可作为防蜡剂的水溶性表面活剂有：

（1）烷基磺酸钠：

$$RSO_3Na \quad R：C_{12-18}$$

（2）氯化烷基三甲铵：

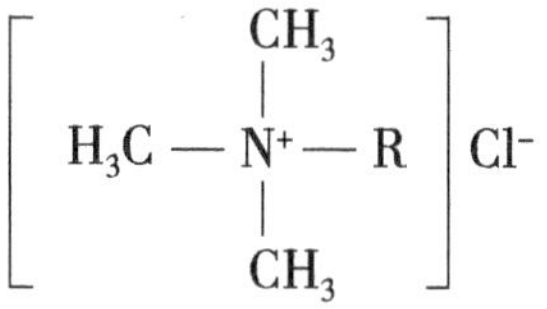

$$\left[\begin{array}{c} CH_3 \\ | \\ H_3C - N^+ - R \\ | \\ CH_3 \end{array}\right] Cl^- \qquad R: C_{12-18}$$

（3）脂肪酸聚氧乙烯醚：

$$R—O—(CH_2CH_2O)_n—H \qquad n > 5, R: C_{12-18}$$

（4）烷基酚聚氧乙烯醚：

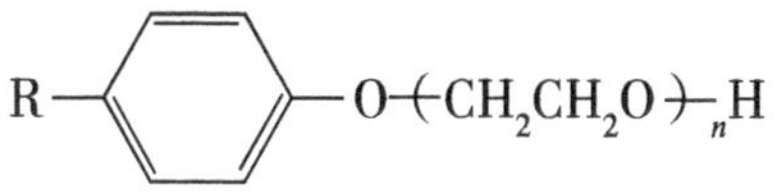

$$R—C_6H_4—O\text{+}CH_2CH_2O\text{+}_nH \qquad n > 5, R: C_9, C_{12}$$

（5）聚氧乙烯聚氧丙烯丙二醇醚：

$$\begin{array}{l} CH_3—CH—O\text{+}C_2H_6\text{+}_m\text{+}C_2H_4\text{+}_nH \\ \quad\;\;\; | \\ \quad\;\;\; CH_2—O\text{+}C_3H_6\text{+}_m\text{+}C_2H_4\text{+}_nH \end{array} \qquad m=17, n=15\sim53$$

（6）聚氧乙烯烷基醇醚硫酸酯钠盐：

$$R—O\text{+}CH_2CH_2O\text{+}_nSO_3Na \qquad n=3\sim5, R: C_{12-18}$$

（7）聚氧乙烯烷基苯酚醚硫酸酯钠盐：

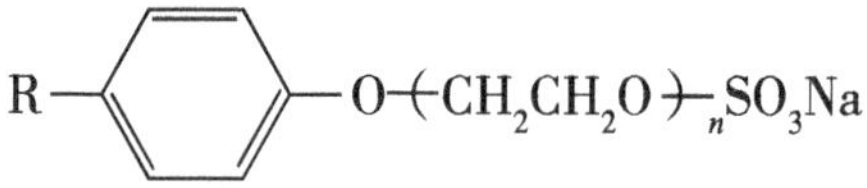

$$R—C_6H_4—O\text{+}CH_2CH_2O\text{+}_nSO_3Na \qquad n=3\sim5, R: C_{8-12}$$

（8）山梨糖醇酐单羧酸酯聚氧乙烯醚（Tween—xx）：

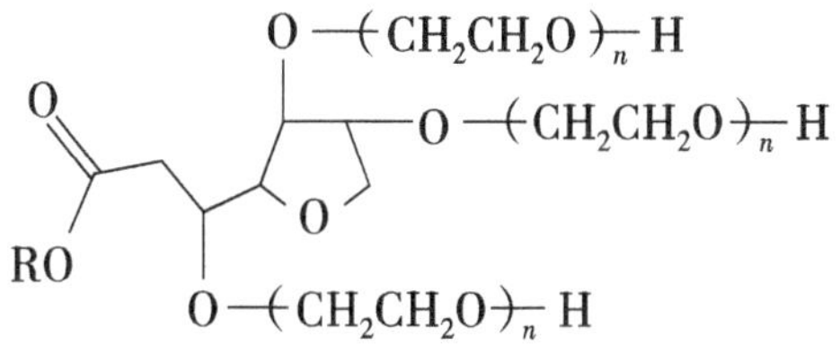

O—(CH₂CH₂O)ₙ—H

O—(CH₂CH₂O)ₙ—H

O

RO

O

O—(CH₂CH₂O)ₙ—H

（三）高分子型防蜡剂

高分子型防蜡剂的烷基链和蜡质共晶，同时羧基产生扭曲的作用，使得蜡晶从正交晶型转化成为六方晶型，降低了蜡晶的熔点不易析出，在宏观上起到防止结蜡的作用。高分子型防蜡剂的典型代表主要有聚丙烯酸酯和聚丙烯酰胺，也有一些丙烯酸酯、丙烯酰胺、羧酸乙烯酯、苯乙烯等共聚物。通过相关研究发现这类凝聚物的共晶作用只能在较高温度下使结蜡的量降低，相对较低温度下的最终结蜡量和未添加防蜡剂的样品相当。也就是说，这种处理剂不能真正阻止结蜡，只能使结蜡的温度降低。

下面是一些重要的高分子型防蜡剂：

（1）聚羧酸乙烯酯：

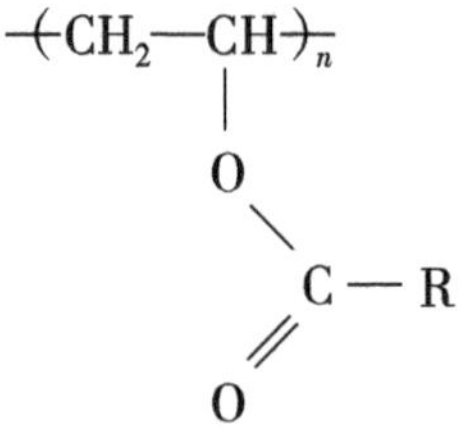

$$\left[CH_2-CH \right]_n \quad (CH-O-C(=O)-R) \qquad R\text{：}C_{15-35}$$

（2）聚丙烯酸酯：

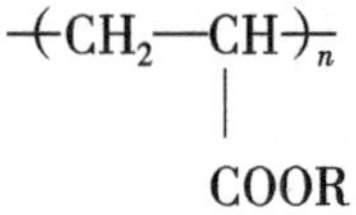

$$\left[CH_2-CH(COOR) \right]_n \qquad R\text{：}C_{14-40}$$

（3）乙烯与羧酸乙烯酯共聚物：

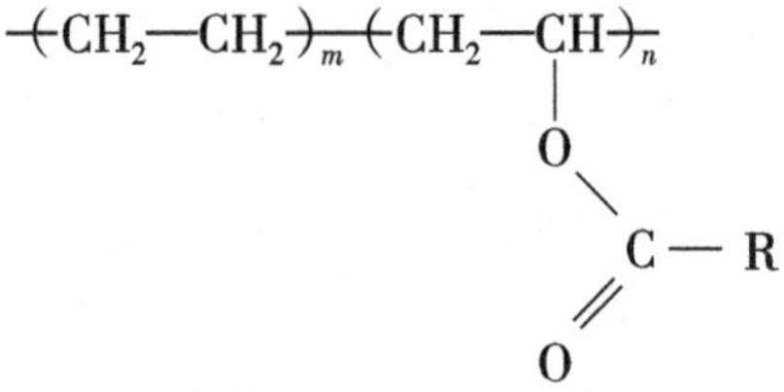

$$\left[CH_2-CH_2 \right]_m \left[CH_2-CH(O-C(=O)-R) \right]_n \qquad R\text{：}C_{1-25}$$

（4）乙烯与丙烯酯共聚物：

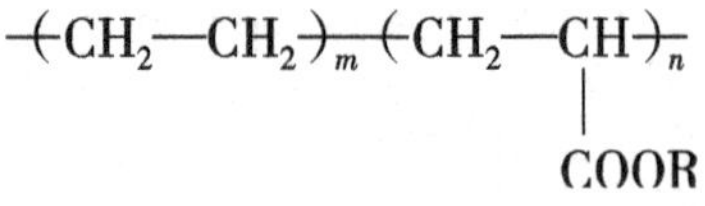

$$\left[CH_2-CH_2 \right]_m \left[CH_2-CH(COOR) \right]_n \qquad R\text{：}C_{1-26}$$

这些梳状聚合物效果好，复配使用时有更好的协同效应。聚合物防蜡剂侧链的长短与防蜡效果密切相关，当侧链平均碳原子与原油中蜡的峰值碳数相近时最有利于蜡的析出。可获得最佳防蜡效果。聚合物型防蜡剂可先溶于溶剂中，再加到原油中使用，也可等成型后，再投入井底使用。

高分子型防蜡剂的作用机理如图 7-7 所示，它能够与蜡晶结合在一起而干扰蜡晶生长。这类化学剂最典型的代表是乙烯—醋酸乙烯共聚合物（EVA）。这类化合物通常与蜡形成共晶体而阻碍蜡晶的相互结合和聚集。

EVA 作为防蜡剂中的蜡晶改进剂对原油具有强烈的针对性，在选用时一定要注意 EVA 中亲油碳链的碳数要与原油中蜡晶的平均碳数基本接近，且碳数分布也应基本一致，才能收到最好效果。

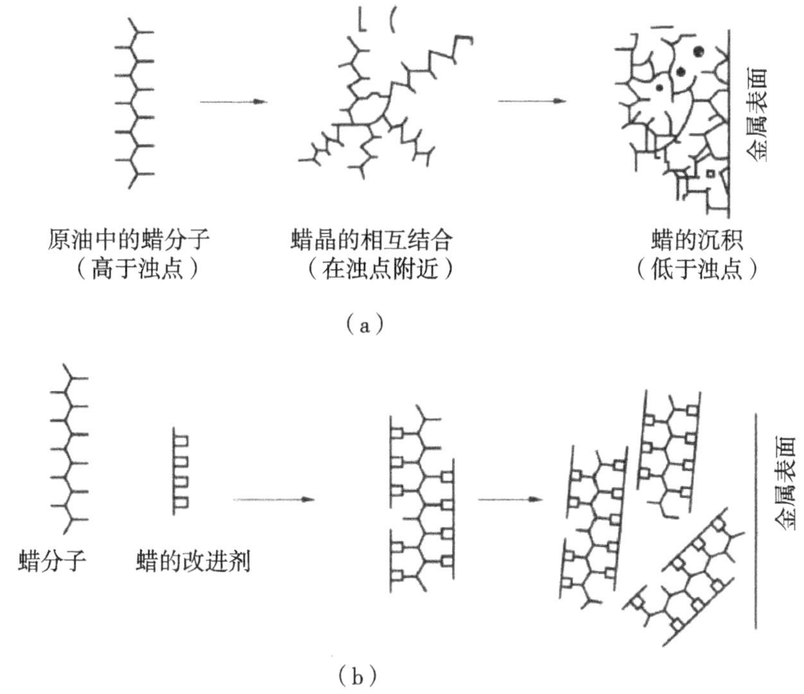

图 7-7　蜡的沉积和蜡晶结构的改造过程

三、化学清蜡剂

对于已经结蜡的油井，可以采用机械（如用刮蜡片）或加热（如热油循环）的方法清蜡，也可用清蜡剂将蜡清除。清蜡剂的作用过程是将已沉积的蜡溶解或分散开，使其在油井原油中处于溶解或小颗粒悬浮状态而随油井液流出，这涉及渗透、溶解和分散等过程。清蜡剂主要有油基型、水基型和乳液型三类。

（一）油基型清蜡剂

使用油基型清蜡剂对沉积石蜡清理的原理是：油基型清蜡剂对石蜡具有较强的溶解性和携带能力，能够分批将沉积石蜡携带走。当油井结蜡严重时，油基型清蜡剂可以大量进入油管中清除沉积石蜡。如果在油基型清蜡剂中加入一些表面活性剂，清除沉积石蜡的效果会更好。因为表面活性剂对沉积石蜡具有润湿、渗透、分散和清洗的作用，提高了沉积石蜡在油基型清蜡剂中的溶解效率。当前，国内外使用的油基型清蜡剂主要有二甲苯、汽油、煤油、柴油等。油基型清蜡剂的优点是清蜡效率高，缺点则是成本相对较高。

国内外对油基型清蜡剂的研究现状如表 7–2 所示。

表 7–2 油基型清蜡剂研究现状

国家	清蜡剂名称	主要成分	工艺
日本	Parahip PD	芳烃、烷烃、烯烃、30% 石油磺酸铵	先加 37.85L，经 8~10h，再加 0.95L
美国	P121	芳烃（馏程：220~304℃），含部分烷烃，少量的烷基或芳基磺酸盐	—
美国	—	甲苯、5%（质量分数）聚氧乙烯壬基酚醚、5%（质量分数）烷基季铵盐、异丙醇	注入井内，关井 8h 后注入 5%（质量分数）烷基季铵盐表面活性剂，异丙醇作为溶剂
国外专利	—	30%~50%（质量分数）异戊橡胶废料、50%~70%（质量分数）的裂解制乙炔的废料、0.02%~0.05%（质量分数）的合成脂肪酸釜残料	—
俄罗斯	—	丁二烯、乙醚、醇、高分子醇、C5 馏分或较重的烃类	以 0.6m/s 的速度打入油管，在 15℃及 35℃下分别接触 15~20min，可除去 40%~50% 的结蜡
国内	BJ	磷酸酯表面活性剂、渗透剂、蜡晶改进剂、有机溶剂	—
	—	轻质油：重溶剂油 =6 ∶ 4，	密度达 0.97g/cm^3，溶蜡速率达 0.037g/min
	CL–92	有机溶剂、表面活性剂、蜡晶改进剂、加重剂	溶蜡速度 6.48g/（mL · min）(50℃)；防蜡率 68.9% 和 73.9%（加量 0.1%，两口井原油样）；20~40℃降黏率 > 70%~90%
	JQF–1	—	在低温（–35℃）下使用和存放，防蜡率 >65%，降黏率为 30%~35%，清蜡周期一般在 3 个月以上

续表

国家	清蜡剂名称	主要成分	工艺
国内	FLO	主要由1号、2号活性剂、降黏剂和有机溶剂组成	溶蜡速率大于0.02g/min，静态防蜡率大于50%，降黏率大于30%，动态防蜡率大于60%
	YS-3	有机溶剂、表面活性剂和高分子聚合物（蜡晶改进剂）、渗透剂、加重剂	溶蜡速率为2.3mg/（mL·min）(50℃)，加剂量为100mg/L时防蜡率为58.8%，使原油凝点降低5℃，黏度降低19.7%，清蜡周期由145天延长至1年以上

（二）水基型清蜡剂

水基型清蜡剂与油基型清蜡剂有明显不同，其主要成分是表面活性剂，结合一些互溶剂、碱性物质等。这类清蜡剂相对于油基型清蜡剂来说既有清蜡作用，又有防蜡功效。水基型表面活性剂可以促进沉积石蜡表面翻转，使沉积石蜡表面转化为亲水表面，促进石蜡从油管上脱落，同时起到降低石蜡表面张力的作用。在这一系列作用下，表面活性剂分子可以穿透石蜡的结构，破坏石蜡与分子管壁的黏结能力，达到清蜡防蜡的目的。国内常用的表面活性剂主要有季铵盐型、磺酸盐型、OP型、吐温型、平平加型、聚醚型、硫酸酯盐型等，常用的互溶剂则主要有异丙醇、异丁醇、二乙二醇乙醚及乙二醇单丁醚等。碱类则可以利用沥青质和其他极性物质发生反应，容易分散在水中，主要有硅酸盐、原硅酸钠、六偏磷酸钠、磷酸钠等。

国内外对水基型清蜡剂的研究现状如表7-3所示。

表7-3　国内外对水基型清蜡剂的研究现状

国家	主要组分（质量分数）		工艺
英国专利	聚氧乙烯十八烷胺—8	25%	采用活性水套管滴加方法加入油井，加入量为10~100mg/L
	P—萘酚苯甲酸酯	25%	
	聚氧乙烯油醇醚—11	25%	
	BPE	20%或	
	聚氧乙烯壬基酚醛树脂醚—10	25%	
美国专利	聚氧乙烯壬基酚醚（或聚氧乙烯异丁基酚醚）	10%	—
	二乙二酸单丁醚	25%	
	甲醇	25%	
	水	40%	

续表

国家	主要组分（质量分数）	工艺
俄罗斯专利	5% 聚氧乙烯壬基酚醚、甲醇作为溶剂，阳离子表面活性剂	5% 聚氧乙烯壬基酚醚以甲醇作为溶剂，加入油管 8h 后，再加入上述阳离子表面活性剂（5%）的水溶液，15h 后油井产量便可增加
国内	平平加型表面活性剂 10% 硅酸钠 2% 水 88%	—

水基型清蜡剂主要是对表面活性剂进行研究。表面活性剂的价格相对较高，而且使用的浓度也较大，但是清蜡的效率较低。因此，研发新型高效的表面活性剂，降低水基型清蜡剂的使用成本，提高清蜡的效率，是水基型清蜡剂的重要发展方向。

（三）乳液型清蜡剂

乳液型清蜡剂是针对以上两种清蜡剂的不足而研发出来的。这类清蜡剂使用了石蜡乳化技术，也就是将石蜡的清除效率较高芳烃、混合芳烃或者溶剂油作为内相，实现表面活性剂的水溶液转化成为水包油型的乳状液，同时选择具有适当浊点的非离子型乳化剂。在这种综合能力作用下就可以使乳化液进入结蜡前的破乳，分出两种清蜡的清蜡作用。这类清蜡溶液一方面保留了有机溶剂及表面活性剂的清蜡效果，另一方面克服了油基型清蜡的溶液对人体毒性和水基型清蜡受温度影响较大的特点。

国内对乳液型清蜡剂的研究现状如表 7-4 所示。

表 7-4　国内对乳液型清蜡剂的研究现状

单位	样品名称	主要成分	工艺
西南石油大学	QFJ-1	有机溶剂和表面活性剂复配作为油相	防蜡率为 39.13%，稳定性 >10 天
西南石油大学	—	ABS（质量分数）=1.5%； NaCl（质量分数 ≥ 1.39%； 正丁醇（质量分数）=3.5%	—
西安理工大学	DOC-3	互溶剂、渗透剂、碱	—
新疆石油管理局采油工艺研究院	ZS-1	O/W 型清蜡剂	—

续表

单位	样品名称	主要成分	工艺
辽河石油勘探局	—	高分子表面活性剂	将热化学清蜡、有机溶剂清蜡、表面活性剂润湿防蜡、高分子防蜡有机结合的新型热化学乳液清防蜡剂
胜利油田	WH-1	—	此清防蜡剂的最佳使用温度为65℃，此温度下的最佳投加量为1.0mL/g，其清蜡速率达0.168g/min，防蜡率达52.10%

参考文献

[1] 余兰兰，吉文博，王宝辉，等 . 防垢剂 EAS 的合成及其性能研究 [J]. 化工科技，2012，20（2）：33–37.

[2] 余兰兰，吉文博，王宝辉 . 防垢剂 PASP 的合成及其性能评价 [J]. 化工机械，2012，39（3）：291–294.

[3] 余兰兰，郭磊，郑凯 . 超声波对硅垢离子的影响及防垢性能 [J]. 化学反应工程与工艺，2016，32（4）：366–371.

[4] 余兰兰，宋健，郑凯，等 . 热洗法处理含油污泥工艺研究 [J]. 化工科技，2014，22（1）：29–33.

[5] 余兰兰，宋健，郑凯，等 . 有机阳离子絮凝剂的制备及用于含油污泥脱油效果研究 [J]. 化工进展，2014，33（5）：1285–1289.

[6] 余兰兰，王丹，吉文博 . 调质 – 机械分离技术处理油田含油污泥 [J]. 化工机械，2011，38（4）：413–416.

[7] 余兰兰，刘雪娟，余宏伟 . 抗盐型聚合物性能评价及其应用研究 [A]. 第十四次全国工业表面活性剂发展研讨会论文集 [C]. 全国工业表面活性剂中心，2003：10.

[8] 余兰兰，钟秦 . 石化污泥制备烟气脱硫吸附剂 [J]. 哈尔滨工业大学学报，2009，41（7）：234–237.

[9] 余兰兰，钟秦 . 污水厂污泥制备活性炭吸附剂及其应用 [J]. 水处理技术，2006，32（5）：61–64.

[10] 连经社，刘景三，赵强，等 . 油田化学应用技术 [M]. 东营：中国石油大学出版社，2007.

[11] 马喜平，全红平 . 油田化学工程 [M]. 北京：化学工业出版社，2018.

[12] 戴彩丽，康万利 . 油田化学新进展 [M]. 东营：中国石油大学出版社，2018.

[13] 靳军，李二庭，杨禄 . 油藏地球化学基础与应用——以新疆油田玛湖区块为例 [M] . 北京：中国石化出版社，2020.

[14] 余兰兰 . 油田化学理论与应用研究 [M]. 北京：中国水利水电出版社，2019.

[15] 秦文龙．油田化学［M］．北京：中国石化出版社，2019.
[16] 陈勇主．油田应用化学［M］．重庆：重庆大学出版社，2017.
[17] 王彦伟，肖艳．油田化学品合成与生产［M］．北京：石油工业出版社，2016.
[18]《油田化学剂质量检测》编写组．油田化学剂质量检测［M］．北京：石油工业出版社，2016.
[19] 罗跃，杨欢，苏高申．低渗透油田采油化学新技术及其应用［M］．北京：石油工业出版社，2016.
[20] 魏利，李春颖，唐述山，等．油田含油污泥生物－电化学耦合深度处理技术及其应用研究［M］．北京：科学出版社，2016.
[21] 孙红镱，马文琦，赵慧春，等．油田非金属压力管道技术［M］．哈尔滨：哈尔滨工业大学出版社，2014.
[22] 康万利，百宝君，王业飞．油田化学与提高原油采收率新进展［M］．北京：化学工业出版社，2013.
[23] 于忠臣，王松，阚连宝，等．油田污水处理和杀菌新技术［M］．哈尔滨：哈尔滨地图出版社，2010.
[24] 钱建华．精细化学品化学［M］．沈阳：东北大学出版社，2010.
[25] 于涛，丁伟，曲广淼．油田化学剂［M］．2 版．北京：石油工业出版社，2016.
[26] 胡之力，张龙，于振波．油田化学剂及应用［M］．长春：吉林人民出版社，2005.
[27] 段崇美，李杰．油田化学助剂产品标准和质量分析［J］．当代化工研究，2020，19：18–19.
[28] 张继伟，张涛，马永清，等．聚丙烯酸酯乳液反相破乳剂在曹妃甸油田化学药剂国产化中的应用［J］．石油化工应用，2018，37（3）：98–102.
[29] 董静，王彦新．油田化学助剂使用后环境去向研究［J］．中国石油和化工标准与质量，2017，11：68–69.
[30] 赵方剑．胜利油田化学驱提高采收率技术研究进展［J］．当代石油石化，2016，24（10）：19–22.
[31] 吴鹏，张跃，牛玉萍，等．三元磺化改性聚丙烯酰胺性能及驱油效果研究［J］．特种油气藏，2020，27（4）：123–130.
[32] 李宗阳，王业飞，曹绪龙，等．新型耐温抗盐聚合物驱油体系设计评价及应用［J］．油气地质与采收率，2019，26（2）：106–112.
[33] 王海燕，王玉鑫，郭海莹，等．SZ36-1 聚合物驱油田原油乳化液破乳

实验研究 [J]. 广州化工，2018，46（19）：83-85.

[34] 陈昊，王宝辉，韩洪晶．油田压裂废液危害及其处理技术研究进展 [J]. 当代化工，2015，44（11）：2635-2637，2641.

[35] 刘磊．油田压裂返排液的无害化处理研究 [J]. 云南化工，2018，45（3）：183-185.

[36] 郑斌茹，毛国梁，刘振华，等．原油降凝剂的降凝机理及其分子设计研究进展 [J]. 石油化工，2017，46（6）：806-807.

[37] 邹玮，刘坤，廉桂辉，等．降凝降黏剂改善高凝原油流动性的研究进展 [J]. 精细石油化工进展，2015，16（2）：17-19.